博弈思维

冬云 著

中国华侨出版社
·北京·

图书在版编目(CIP)数据

博弈思维 / 冬云著. —北京：中国华侨出版社，2023.8（2023.10重印）

ISBN 978-7-5113-8633-5

Ⅰ.①博… Ⅱ.①冬… Ⅲ.①思维方法—通俗读物 Ⅳ.①B804-49

中国版本图书馆CIP数据核字（2021）第193603号

博弈思维

| 著　　者：冬　云
| 责任编辑：江　冰
| 封面设计：韩　立
| 美术编辑：吴秀侠
| 插图绘制：傅　晓
| 经　　销：新华书店
| 开　　本：880mm×1230mm　1/32开　　印张：6　　字数：120千字
| 印　　刷：三河市燕春印务有限公司
| 版　　次：2023年8月第1版
| 印　　次：2023年10月第3次印刷
| 书　　号：ISBN 978-7-5113-8633-5
| 定　　价：38.00元

中国华侨出版社　　北京市朝阳区西坝河东里77号楼底商5号　　邮编：100028
发 行 部：(010) 58815874　　　　传　　真：(010) 58815857
网　　址：www.oveaschin.com　　E-m a i l：oveaschin@sina.com

如果发现印装质量问题，影响阅读，请与印刷厂联系调换。

前言

PREFACE

　　博弈是生活的一种基本形态，它比其他学问更加直接、更加频繁地影响着人们的生活。人际关系中各种的问题，都与博弈思维有着千丝万缕的联系，一旦掌握了相关的博弈知识，许多工作和生活中的难题就能迎刃而解。比如，如何让他人喜欢自己？如何让他人积极效力？如何化解他人的敌意？如何隐藏自己的真实想法？如何掌控人生的主动权？如何让对手永远无法击败自己……在生活中，如果你懂得运用博弈思维，那么你不仅能够给别人留下好印象，还能够和他人建立起良好的人际关系；在事业上，如果你懂得运用博弈思维，那么你不仅能够开拓商机，打动合作伙伴和客户的心，还能让身边的同事或者上级对你赞赏有加；在情场上，如果你懂得运用博弈思维，那么你就能得偿所愿，赢得心上人的爱……总之，懂得博弈思维，可以让你更加了解自我、支配环境，在复杂的人际关系中摆脱被动局面，占据主导地位，利用行之有效的方法，达成自己的目标。

无论你是普通职员还是高级管理者，是产品生产者还是消费者，是设计师还是推销员，只要你还在与外界发生着信息交换、人际往来，你就无法阻止心与心的碰撞和较量，无法避开无时无刻不在上演的心理博弈。

人生就是一场永不停息的博弈，制定合理的博弈策略需要运用博弈思维。书中从人际交往的各种场景、各个方面系统讲述了博弈心理学的运用，巧妙揭示人们内心深处的行为动机，以期帮助读者迅速提高说话办事的能力，掌控人际交往主动权，从而避免挫折和损失，一步一步地落实自己的人生计划，获得事业的成功和生活的幸福。

目录

CONTENTS

第一章

洞察内心的真实意图

——瞬间了解你周围人的心理博弈 1

从打招呼的表现可透视其真实意图 2
听懂别人的"场面话" 3
用心听出隐晦的话 5
诱导对方说出本意 8

"酒后吐真言"，泄露秘密 10

第二章
成功让别人听你的话
——说客的实用心理博弈 15

你是自己人：信任感是劝说的第一步 16
运用他人最熟悉的语言 21
阐明得失，没有人能够拒绝你 26
从他人最感兴趣的事着手 31
用对方的观点说服他最有效 34
多数派就是压力 37
利用权威人士帮你说话 42

第三章
成功者离不开八方支援
——求得他人帮助的心理博弈 47

即使你是天才也需他人相助 48
先让别人认可你 52
向对方表示钦佩 56
将心比心 58

把握最佳时机：出其不意，攻其不备 61
为帮助你的人描绘一幅美好前景图 65

第四章
让别人挨批了还感谢你
——责备批评中的心理博弈 69

裹上"糖衣"，批评更易被接受 70
批评要对事，不要对人 73
以理服人不如以情感人 77
批评别人时，要单独对他说 80
点到为止，促其自省 84

第五章
谈判中的"主持"是受益者
——掌握对话主动权的心理博弈 87

谈判需要和谐的氛围 88
语言中最好不要有"被动形式" 93
通过"问题攻势"占据上风 96
避而不答，转换话题 98
通过"表情和姿势"控制对话 101

让对手感觉到你的"气势" ………………………… 104

第六章
两败俱伤还是共分蛋糕
——竞争与对抗的心理博弈 ………………… 107

竞争者其实同样忧伤 …………………………… 108
"正和博弈":"双赢"才是皆大欢喜 …………… 111
参与"零和"与"负和"的,没有赢家 ………… 116
为什么要从"红海"游到"蓝海" ……………… 119
"强强联合"是"双赢"的最好选择 …………… 122
从对手的立场思考,你能做出更好的决策 …… 127
有礼有节地回击 ………………………………… 130
小心恶性竞争!杀敌一千,自损八百 ………… 135

第七章
拿什么留住你，我的伙伴
——合作者间的心理博弈......137

利益比道德更有约束力......138
制度不灵，人情是撑不到底的......143
猎人博弈中的妙术......146
猎鹿博弈：帕累托共赢的智慧......149
复杂职场中也可以追求"共赢"......152
信任有时也是一种冒险......159

第八章
示弱者最后也可能赢全局
——妥协与折中的心理博弈......163

为什么示弱者最能签下单......164
谈判里的"斗鸡博弈"......166
把对手变成朋友......170
让对方感觉自己胜券在握......173
学会见好就收......175
让老板加薪的博弈......177

第一章 洞察内心的真实意图
——瞬间了解你周围人的心理博弈

从打招呼的表现可透视其真实意图

打招呼是人们交流的开端，打招呼的方式也能确定两人关系的模式。

根据统计，每个人一天的生活里，平均至少要和30个人打招呼，包括家人、邻居、同事、商家等，面对亲近度和熟悉度不同的人，我们打招呼的形态也有所不同。同样地，从客户和你打招呼的态度，也能快速分析出他把你定位在哪一点，以及他的心理状态究竟如何。

初次见面时，有些人会两眼直视着对方并频频点头。此类型的人多半是利用打招呼来试探对方的内心，并在下意识中希望自己占上风，建立自信的气势。不过反过来说，当一个人这么做时，也表示他带着极重的戒心和防备感，而且多半自以为是。和此类型的人打交道，不要急于求成，要先隐藏自己的缺点，例如解析力不足、口齿不清等，否则对方会认为你专业不足而忽视你。

有一些人，打招呼时不看对方的眼睛，而是把目光移向他处。这种人并不是傲慢，只是自卑感较重，而且胆小怕事、喜欢安定。和此类型的人打交道，最好用比较轻松、诙谐的话语来消除对方的不安，同时化解他们紧张和戒备的心理。只要让他们放松下来，很快就可以进入交流状态。

有些人在和对方打招呼的时候，会"故意"退后两三步，这并不是你侵犯了他们的个人空间，而是他们对每个人都如此。也许他们认为这是一种礼貌或谦让的表现，但这种小动作，很容易让人误以为是疏离的表现。像这样有意拉开距离，虽然是故意的，但一样可视为防备、谦虚、顾忌等情感的表现。

假如客户和你打招呼时，毫不顾忌地从拍肩膀等身体接触开始，表示他对你丝毫没有戒心，或者是他认为自己的能力、权力都比你大，并以此显示出自己的优势地位，造成"先声夺人"的局面。他不见得是有意的，可能更多是习惯性的，但这种方式能说明他更有自信；另外，这也表示他希望你能用较尊敬的态度对待他。

听懂别人的"场面话"

"场面话"是人际关系中不可或缺的一部分，它不是罪恶，也不是欺骗，而是承接双方对话的一个工具。面对热情洋溢的"场面话"，保持客观冷静的心态，并学会认识、使用场面话，才能游刃有余地与他人进行交流。

语言是人类沟通的工具，从一个人的言谈，足以知悉他的心意与情绪，但是，若对方没有诚信，口是心非，就令人猜疑了。这种人往往将意识里的冲动与欲望，以及所处环境经修饰伪装后，以反语表现出来，令人摸不清实情，这就是语言的双重性，需要去辨别。

例如，偶遇不投性格的朋友，往往抛出社交辞令客套邀约："哎呀，哪天到舍下坐坐嘛！"其实心里的本意可能是："糟糕，怎么又遇上他了，赶紧开溜为妙！"这种与本意相反的场面话，往往是因为内心的不安与恐惧，为求自我安慰，或是一而再、再而三，因循成习。

有时候，"场面话"也是一种生存智慧。

有一个人十几年没有升迁，于是去拜访一位主管调动的单位负责人，希望能调到别的单位，因为他知道那个单位有一个空缺，而且他也符合条件。

那位主管表现得非常热情，并且当面应允，拍胸脯说："没问题！"

他高高兴兴地回去等消息，谁知几个月过去，一点儿消息也没有。打电话过去，主管不是不在就是正在开会；问其他人，别人告诉他，那个位子早已经有人捷足先登了。他很气愤地说："那他又为什么对我拍胸脯说'没问题！'？"

这件事的真相是：那位主管说了"场面话"，而他相信了主管的"场面话"。

"场面话"有的是当时场景所需要的，有的是实情，有的则与事实有相当的差距。听起来、说起来虽然不实在，但听起来很客气，听的人十之八九都会感到高兴。

诸如"我全力帮忙""有什么问题尽管来找我"等，这种话有时是不说不行，因为对方运用人情压力，若当面拒绝，场面会很难堪，而且会得罪这个人；若对方缠着不肯走，那更是麻烦，所以用"场面话"先打发，能帮忙就帮忙，帮不上或不愿意帮忙就再找理由。总之，"场面话"有缓兵之计的作用。

对于拍胸脯答应的"场面话"，你只能保留态度，以免希望越大，失望也越大。你只能姑且信之，因为人情的变化无法预测，你既然测不出他的真心，只好先做最坏的打算。要知道对方说的是不是"场面话"也不难，事后求证几次，如果对方言辞闪烁、虚与委蛇，或避而不见、避谈主题，那么对方说的就真的是"场面话"了。

总之，你对"场面话"的真实性要有所保留，否则可能会坏了大事。对于称赞同意或恭维的"场面话"，要保持冷静和客观，千万别因别人两句话就乐过了头，因为那会影响你的自我评价。冷静下来，才可以看出对方的心意如何。

用心听出隐晦的话

有些时候不能直抒胸臆的话，只能选择兜兜转转。当别人话里有话的时候，要学会听出其中暗含的信息，才能将这些难言之隐一一解决。

有的人说话很隐晦，一句话可能有很多种意思，遇到这样的情况，你就要察觉其中隐含的信息，如此才能摸透对方的心思。有人走进你的办公室，然后对你说道："我快要累死了！昨天、前天和大前天晚上，我都加班到十点钟才回家，我真的是累坏了！"你身为经理，听了那个人说的话，你必须找出其中隐含的信息，这是你应该做到的。

那个人想要传达的心思可能是这样的："我实在需要别人帮忙，我知道公司雇用我做这个工作，是希望我自己一个人做。我担心的是，如果我说我需要帮忙，你会认为我没有做好工作，所以，我不想直接说出来，我只是告诉你，我现在的工作量太大了。"

另一个隐含的信息可能是这样的："上一次你评估我工作成效的时候，提起工作态度的问题来，并且说希望每个人都更加努力工作，现在我只是想让你知道，我正在照着你的指示做。"也有可能这个隐含的信息是："我有点担心，怕保不住工作，遭到公司辞

退,所以我希望你知道,我是个多么恪尽职责的职员。"可能还有一个隐含的信息是:"我希望你拍拍我的肩膀,希望你这位上级主管对我说:'我知道你工作很努力,我非常欣赏你的工作态度。'"

你应该能找出"我快要累死了"这句话背后代表的意思。与人谈话时,如何才能更好地摸透说话者的心思呢?

1. 听声

同一句话,用不同的声调表达出来,其含义就不一样,有时甚至完全相反。听声就是通过发现声调中的异常因素,做出辨析,抓住隐含其中的心思。

比如说"好啊!他行!他真行"这句话,如果说话者说这句话时,语气上扬,听者便能感觉出这是在赞扬某人。但如果说话者刻意压低语调,刻意拖长"行""真行",那意思就刚好相反了,那就表示说话者对某人的严重不满,而这种不满情绪尽在言语之外。

很多情况下,同样一个意思,可以用肯定句、否定句、感叹句、反问句等许许多多的形式表达,可能不同的形式就表达不同的意思,这就需要结合语境仔细辨析了。

2. 辨意

说话者总是从一定的角度来表达他的思想。辨意主要是抓住说话角度这个关键,发现其中的异常因素,从而看清他的真正意图。

人们对于不好明说的事情,经常会换个角度含蓄地表达出来，而这个角度的改变其实都没有脱离具体的场合，所以你不要以为对方跑题，只要你结合场合来分析对方说的话，就很容易悟出对方的意图。

3. 观行

人们有时候碍于面子难免会说些违心的话，这个时候表现出来的就是言行不一，你只要注意观察他的具体行为，就能意会其内心的真实想法。

有些人心里不愉快，或生你气的时候，不会直接表达内心的不满，他们会绷着一张脸，用力地对你说："没什么！"或是用不耐烦的语气表示："算了！算了！不跟你计较！"一边说还一边乒乒乓乓地摔东西。即使是小孩，也看得出他们在生气。

很多时候，身体也是会说话的，而且说的话是由无意识控制的，那才是最真实的表达。

其实，了解别人心思的方法很多，最关键的就是要善于结合语境。只要你用心去听，留神当时的场合，就不难听出对方隐晦的话语。

诱导对方说出本意

成熟老练的谈判者，总会给自己设计两条出路，这两条路中，有一条是出于本意，而另一条则是陪衬品。要想厘清对方真正的思路，就必须懂得把握"两面性"的技巧，将一条路堵死，才能探出对方真实的意图。

学者或评论家，应记者的要求对微妙的问题发表意见的时候，虽然会说出一个结论，最后，总是再加一句："但是，也有另一种可能。"

老练的企业主管，在开会时，就懂得把这种"两面性"很巧妙地运用在他的话里，以便事后有个申辩的机会。

例如，他会说："这个事情可以说是十万火急，但是，我必须慎重考虑。我打算尽可能迅速地想出一个万全的对策。"这句话，既可解释为"很快就想出对策了"，也可解释为"花点时间好好去研究"。

交谈之中，如果所说的内容有很强的"两面性"，那就表示对方犹豫不定，有意避免造成统一性的印象。有些话乍听之下，好像意志已定，实则不然。若想揭穿他是否真心，这种"两面性"的理论，可以成为有效的利器。也就是说，当对方只强调事情的一面来下结论，你就要发出强调另一面的质辞，借此套出他的真意。

当然，"欲速则不达"是真理，"打铁趁热"也是真理。每一件事必有它的两面性，关键是看他如何视情况而做应变。他下的决定如果不是出于真心，只要向他强调"两面性"，他的结论就会轻易地发生改变，或迷惑丛生。相反地，如果意志甚坚，则任你如何强调"两面性"，他还是坚定不移，绝对不会改变他的结论。要诱导对方说出他的本意，在交谈中不妨故意拂逆对方的意见,处处给予反驳。接连数次向对方表示"不",对方的态度必会急速地转变。尤其是对方想要传达自己的心意时,故意打断而大声地抢话说,在这个关头对方会露出真心。

与对方谈话时,如果我们不急不缓地说:"我们慢慢谈吧!"而真放慢步调打算从长计议时,对方却突然显得坐立不安。该如何判断对方是否有急事呢?对方的心理该如何掌握才合适?

技巧是试着改变说话的速度。譬如:"我啊……其实……今天……"故意把话拉长说,有急事者必会不耐烦地问:"你到底有什么事?"如果坐在椅子上,则尽量舒坦地深坐。当对方有急事时会立即表态说:"其实我今天有急事。"或急忙地想站起身来。所以,若要探知对方是否有急事则故意慢条斯理地动作。譬如,拿起对方端出的茶慢慢品尝,或把茶杯拿在手上优哉游哉地谈话。有急事者看见这些动作,会更为焦急而立即暴露真心。

要从语言的密码中破译对方的心态,闲谈是了解对方的一种最好方式,整个氛围显得轻松愉快,又让对方没有心理防线。

"酒后吐真言",泄露秘密

应酬的场面上,少不了酒。酒是饭桌上联络感情的纽带,生意人更是喜欢在这一点上大做文章。喝酒就避免不了喝醉,喝醉往往是一个人最真实的状态。酒量好的话,可以利用这一点把握很多信息。如果酒量不好的话,还是不要冒这个险了,以免酒后失言，泄露了秘密。

我们都知道，酒是一种麻醉品，只要喝得稍多一点儿，便非常容易使人的言谈失去控制，多数人在酒醉的时候，喜欢胡乱说话。虽然语无伦次，但多为真言。所以，通过酒后所言可以得知对方的内心想法。

仔细观察醉酒百态是非常有趣的事。一个人若能事先掌握住自己的酒癖，就可以更加理解自己是个什么样的人。为让他人理解自己，也有必要事先掌握自己的酒癖。

1. 喝了酒老是喜欢喋喋不休、"吃吃"地傻笑的人

这种人性格内向，平时沉默寡言、彬彬有礼，一旦喝了酒就喋喋不休，不时露出真感情的话，这种人平时的人际关系一定是处于紧张的状态中。

这种类型的人，一丝不苟，很有韧性，重视秩序，对于长辈必是采取毕恭毕敬的态度。对于女性也是很认真的，绝不会开玩笑，总之，是个"正经八百"的人。基本上，此种人的精神压力较大，所以，会借酒来发泄其精神压力。

但是，反过来说，这种人若不是借酒来发泄的话，压力就会积蓄在身体内。因此，当知道喝了酒就有喋喋不休的毛病时，就尽量地不要只忙工作，需培养些轻松的兴趣，平时要让自己过得快活点。

2. 猛敲猛打、到处活动、动作很大的人

这种人性格刚烈，反抗心很强，有强烈的欲求不满或强烈

的自卑感。此种人不喜欢配合他人来行动，若硬要他们配合他人来行动，就会出现挫折感，而他们就会借酒来发泄此种挫折感，例如摔杯子、摔椅子等。他们常会做出让周围人吃惊的事，需特别注意。

3. 沉默不言的人

这种人性格外向，平时很活泼，很具行动力，是受大家信赖的人物，一旦喝了酒，反而会很安静、很沉默的话，表示其强烈地想排除自己的判断，才会有这样的行动。在其心底深处，有着"现在我觉得一切还算顺利，但如果我就任此下去的话，难道就不会出问题？以后的情况我也许无法把握得住"的不安，而其心中的迷茫就会借酒发泄出来。

4. 醉了就会哭的人

这种人性格内向，感情炽烈，待人接物放不开，常常压抑自己。既是个热情家，也是个浪漫主义者。具有强烈的自我意识，过分压抑自己强烈的感情。

5. 喝了酒爱触摸异性身体的人

这种人较有城府、有心计，爱想入非非，见异思迁，爱发牢骚，此种人因不满于无法以"心"和异性接触，遂用"物理性的接触"来填补其空虚。当对自己的欲望无法适当地发泄，或在工作方面不顺意时，即心中有不平、不满时，多会做出此种举动。

6. 喝了酒爱唱歌的人

这种人性格开朗活泼、自信，很有活力，极富冒险精神，喜欢照顾人，把工作和生活划分得很清楚。此种人很有发展前途，很值得信赖且不惧失败，技术和个性能得到发挥。但如果属于在卡拉 OK 厅里拿到麦克风就不撒手的人，另当别论。

7. 喝了酒喜欢跟人吵架的人

这种人性格外向，疾恶如仇，有情有义，爱打抱不平，乐于交各种朋友，喜欢帮助弱者。可以说是个具有强韧行动力的热血汉子型人物。

8. 喝了酒呼呼大睡的人

这种人性格内向、意志薄弱，心思比较缜密，优柔寡断，待人接物很放不开，没有主心骨，依赖性强，没有创新的激情。可能是因为白天把太多精力花在注意周围事情上的缘故吧。

9. 喝酒时老劝他人的人

这种人性格外向，善于交际，虚荣心强，希望对方和自己是相等的，属于保守且防卫本能强的类型。若是热心地劝异性（尤其是女性）喝酒，则是对异性有强烈的憧憬和具有支配欲的人。但不会把自己的想法强加给他人，并会尊重对方的立场，是思想很具弹性、很体贴的人。

10. 喝酒时不断喊"干杯"的人

这种人十分注意自身的仪表。听他的口令好像很懂事，其实却很固执，看起来很和蔼可亲，其实性格很冷淡。

11. 喝得再多也跟平时一样的人

这种人性格内向，很有城府，谨慎认真，不太爱暴露自己的缺点，因而有比他人强一倍的警戒心。总之，可以确定的是，此种人皆具有"小心翼翼"的性格。

12. 喝酒喝到可能醉时就不喝的人

这种人性格随和，心地善良，待人真诚，为人处世极有分寸，很会处理各种人际关系。他们喝酒绝不是为了一解口瘾，而是借着喝酒营造愉快的气氛，这种类型的人富有协调性，在团体中最能赢得众人的协助。

13. 有特殊酒癖的人

这种人性格具有双重性，有时过于内向，有时过于外向，有着很独特的性格。

第二章 成功让别人听你的话
——说客的实用心理博弈

博弈思维

你是自己人：信任感是劝说的第一步

君王只会听取信臣的意见，而对于不信任的人，轻则置之不理，重则更加疏远。说服别人与臣子献计是一样的道理，人们永远只会相信自己阵营里的人，排斥与之不相干的、利益不同的其他角色。

所谓说服，指在正式或非正式的谈判交流中，进行充分的沟通，进而使对方接受说服者意图的过程。这是一个非常复杂的过程，其中的每一环节都要谨慎小心，任何微小的错误都会降低说服的效果。

说服别人，就是使被说服者能够认同说服方的各种信息和事实。而要达到这一点，最基本的要求就是要在说服的前期建立相互信任的关系。所以，说服艺术中一条最基本的法则就是尽量建立相互间的信任。这是因为，说服的过程如果是以相互信任为基础的，则有助于创造良好的气氛、调节双方的情绪、增强说服的效果。

同样一个十分有利于公司发展的方案，如果领导信任你，他就容易接受；相反，如果领导不信任你，他就难以接受。一个正直诚实的人往往容易获得他人的信任。

对不信任的人，无论他怎样劝说也不会得到效果，因此，信任是劝说的第一步。怎样才能让人信任呢？首先就是要让对方觉得你是自己人，是替他着想的，对此有很多技巧。

1. 寻找共同利益，利用"自己人效应"

在劝说中，力争使对方形成与自己相同的看法，尤其让对方看清楚双方在利益上的共同之处，共同之处会使对方产生趋向倾向，把你看作自己人，这样可以大大减少对立情绪。你提出要求时，对方较易接受。心理学家哈斯曾告诉人们："一个造酒厂老板可以告诉你为什么一种啤酒比另一种好，但你的朋友（不管他的知识渊博还是肤浅）却可能对你选择哪一种啤酒具有更大的影响。"

2. 对对方的某些困难表示关心和理解，并适度褒扬

每个人的内心都有自己渴望的"评价"，希望被赞美并希望别人能了解。

比如你是领导，当下属由于非能力因素而借口公务繁忙拒绝接受某项工作任务之时，领导为了调动他的积极性和热情从事该项工作，可以这样说："我知道你很忙，抽不开身，但这种事情非得你去解决才行。我对其他人没有把握，思前想后，觉得你才是最佳人选。"这样一来就使对方无法拒绝，巧妙地使对方的"不"变成"是"。这一劝说技巧主要在于对对方某些固有的优点给予适度的褒奖，以使对方得到心理上的满足，减轻挫败时的心理困扰，使其在较为愉快的情绪中接受你的劝说。

3. 寻求共鸣

人与人之间常常会有共同的观点，为了有效地说服别人，应该敏锐地把握这种共同意识，以便求同存异，缩短与被劝说对象之间的心理距离，进而达到说服的目的。共同意识的提出能缩短和别人之间的心理距离，能使激烈反对者不再和我们的意见相反，而且会平心静气地听我们劝说。这样，我们就有了解释自己的观点，进而进入别人内心的机会。

4. 动之以情

说服工作，在很大程度上可以说是感情的征服。感情是沟通的桥梁，要想说服别人，必须跨越这座桥，才能进入对方的心理堡垒，征服别人。在劝说别人时，应推心置腹，动之以情，讲明利害关系，使对方感到我们的劝告并不抱有任何个人目的，没有丝毫不良企图，而是真心实意地帮助被劝导者，真正为他着想。

5. 以真诚之心建立情谊

一位美国青年当上了一家豪华饭店的侍从，这是一个收入很高的工作。一天，一个顾客在进餐前，把餐巾绕脖子围了一圈。经理见后对这个青年说："去告诉他餐巾的正确使用方法。"青年来到顾客面前笑着对他说："先生，您要刮脸，还是要理发，这里是餐厅。"结果他失去了一个好工作。

这位青年为什么会失败？最主要的原因是他缺少真诚之心。在劝说他人、加强情感联络的同时还要具有同情心，使对方感到你是真诚的。

6. 轻松诙谐

说服别人时，不能一律板着脸、皱着眉，这样很容易引起被劝说人的反感与抵触情绪，使说服工作陷入僵局。可以适当点缀些俏皮话、笑话或歇后语，从而取得良好的效果。这种加"作料"的方法，只要使用得当，就能把抽象的道理讲得清楚明白、诙谐风趣，不失为说服技巧中的神来之笔。

7. 注意说话时的距离

在美国，询问可疑人时有"警官坐在可疑者身边，警官与可疑者之间不放置桌子等物"的要求。实际上警官和可疑者之间的距离是 60～90 厘米。以这种距离相坐时两膝十分接近，这就是促膝谈判。如果与对方的距离远，中间有桌子等物相隔，就会给对方心理上的余地。促膝谈判，消除了这种余地。

想得到他人长时间的协助，怎样说服好呢？心理学家以此为目的进行了实验。距对方 30～40 厘米进行热心的劝说，得到协助的时间最长。而 90～120 厘米距离的劝说，得到协助的时间最短。近距离热心说服的效果，是不能以远距离说服代替的。

8. 利用光环效应

一般来说，信任是基于他的社会地位。

如医生、律师、领导、教师等都易被人信任。名片上一般都有自己的头衔，身份明了，根据"××长""××博士"的头衔就可产生信任感，这就是光环效应。如果一个人病了，医生的话当然要比经济学家的话更能取得他的信赖。

此外，我们还要注意沟通中的各种微小细节问题，缩小与对手的心理距离。生活中人与人之间的交往也处处证实了这一点，如果一个人对别人总是心怀戒备、处处提防，就会在双方的交往过程中挖开一道无形的、深深的鸿沟，虚情假意的惺惺作态只会让交往沟通的难度一升再升。请注意，在沟通中的话语，甚至是不自觉的微小的体态语言都会给对方留下深刻的印象，如说服者在对话中不自觉地低头或将视线移开，语气的犹豫，用词的模糊，都会使对方自然而然地产生感觉："他不信任我，一定隐瞒了什么！"或者："这小子目中无人，根本不把我当回事！"这样，说服的难度就会大大增加。因此，在说服沟通的过程中，应该处处注意激发并保持亲近、融洽的气氛，以便说服活动的逐步深入。例如可以在对话中多用"我们""我们大家"，或者在闲聊中谈及自己的私事或个人的生活细节，稍稍偏离说服的主题，也可以使对方产生更亲密、更贴近的感受。

你对别人越信任，别人也会给你更多的信任。对别人的信任和友好，实际上是对其积极行为的强化，会大大地激发其可信行为的重复，也制造了更多的融洽，别人会投桃报李，给你更多的信任。这样，所进行的说服工作也会事半功倍。

运用他人最熟悉的语言

试想一场以论者自我为中心的群体讨论吧！你的论述如果只有你一个人懂，那么即使话题再生动有趣，别人也不会应和你，更别提加入讨论。如果不想把与对方的交流变成你自己的独角戏，那么，在你的谈话里就要多运用一些别人的经验。

阿莫斯·科明18岁时来到纽约，他只想到一家报社去做编辑。当时，纽约有成千上万的失业人员，几乎所有的报社都被求职的人挤满了。在这种情况下，科明是很难达成他的愿望的。

科明在一家印刷厂做过几年排字工人，这是他所有的也是唯一的工作经验。但是，他知道，和他一样，《纽约论坛》的老板荷拉斯·格利莱幼年也在印刷厂里做过学徒，所以，科明决定先去《纽约论坛》试试。科明想，格利莱一定会对与他有相似经历的孩子感兴趣的。他是对的，他果然被录取了。

他十分容易地让格利莱相信他是值得雇用的。正如卡耐基的成功一样，科明完全是因为巧妙地借用格利莱自己的经验来达到目的。

这种方法也是十分简单的。比如，当你看见一种新式飞船时，你想让他人相信这飞船令人惊异的长度，于是，当你想说给街上的行人听时，你就得说它有三个街区那么长，或说它有从榆树街到林肯街那样长。这些人经常在街上走，所以你一说，他们就知道飞船到底有多长。如果你想说给一个纽约人听，你就得说飞船的长度和42号街上新建的克莱斯勒大厦的高度一样。因此，我们想让他人完全理解自己的语言时，一定要引用他人的经验才行。

很多时候，除非你能引用他人的经验让对方理解你所说的话，否则，对方甚至不知道你在说什么。确实是这样，有些人只有在自己的经验范围内才能理解他人的话，因此，与这种人交流时，如果不能迅速引用他们自己的经验，他们也不会了解你想要表达的事物。这是因为,大部分人都很懒惰,懒得动脑去思考问题,如果他们从一开始就不明白你在说什么,那么,他们可能就永远也不会明白了。所以,当一个聪明人想把自己的想法和意见说给他人听时,他总会想方设法地运用对方所熟悉的语言,使其能迅速理解自己想说的话。

一次,许多摄影记者把石油大王洛克菲勒的儿子和三个孙子围住了。本来他们是出去旅行的,洛克菲勒的儿子不想让孩子们的照片曝光,为了不让那些摄影记者扫兴,同时又达到自己的目的,他把新闻记者当成一名父亲或将要做父亲的平常人,与他们交谈。他合乎情理地提出自己的意见,把小孩子的照片登在大众读物上对儿童的教育是不利的。这些记者也认为他的想法是十分有道理的,最后就很客气地告辞了。

在查尔斯·布朗的故事中我们也可以看到这种简单而有效的策略。本来,查尔斯·布朗是一名船长,后来,他成为全球最大的玻璃工厂——匹兹堡平板玻璃公司的总经理。

创业初期,他在明尼阿波利营做彩色玻璃的生意。当时,有一家同行与他一起竞争一笔大生意,因为他能及时了解买主曾是西部牛仔的特殊经历,他获得了成功。

这份合同的决策者都是美国西部的人,因此,布朗故意做了一份具有挑战性和冒险性的计划书,而他的竞争对手却恰恰相反。最后,布朗拿到了这份合同,因为他充分利用了买主的经验。

伊万杰林·普斯女士也用过相同的策略,在与顽固的犯人交谈的几分钟时间里,她就能让犯人泪流满面地低头忏悔。

沃尔多·沃仑说:"她一开始就谈犯人幼年的事,以勾起犯人对美好纯真的童年的怀念。也许,犯人能应付那些外来的高压,如威胁、刑罚等,可他们却不能抵抗那些浮现于内心的种种回忆。"

美国著名的探险家拉·撒里,他一开始也因为被印第安人仇视而遭遇了很多挫折。后来,他学会了用印第安语及印第安常用的特殊语言与他人交流,受到了其中一个部落的欢迎,最后在当地人的帮助下,他终于完成了历史上著名的墨西哥湾旅行。

亨利·桑敦是美国铁路专家,他之所以能在英国坐上大东铁路公司总经理的位置,就是因为他在一个恰当的时机,巧妙地说了一句英国人常说的俗语。

在他刚刚就任之时,他发现别人对他很冷漠,他自己就像处在"雾都"五月的寒霜中一样。原来,他曾说过:"任何英国人都没有担任此职的资格。"这句话使英国人十分愤怒。因此,英国人对他十分不满。但是,这位后来的加拿大国有铁路公司的局长、数千万人的领袖只用了一个小小方法就将人们的敌意消除了。在英国人面前,他用英国人的俗语,迎合他们的口味发表了一次公开演说。在演说中,他特意说,自己到英国来任职只是想有个"户外竞技的机会"罢了。

多年来,约瑟夫·乔特都是纽约律师界的领袖,他的雄辩家地位从来未有过一丝动摇。这恰恰就在于他善于在演说中运用获得信任感这种策略。

有一个艺术学校是以陶瓷为主要科目的。乔特在这个学校一开始演讲就说自己是校长手里的一堆"陶土",接下来,他就开始讲述自巴比伦及尼奈梵时代以来的陶瓷简史。

在他担任一家钓鱼俱乐部主席时,一开始演说,他就把自己比喻成被俱乐部的职员放进来的一尾"怪鱼",也许,他这尾"怪鱼"会让他们的钓鱼失败。这样打趣自己之后,他才接着讲英国渔业委员会在繁殖江河鱼类方面做出的突出业绩。

他在英国一所学校里演说时,就列举了许多从这个学校毕业的大人物,以此证明在教育方面,美国是远远不如英国的。

总而言之,他的所有演说总是集中在他人感兴趣的事物上。

民主党领袖阿尔·史密斯十分擅长此道,他的语言和题材都源自不同的听众,无论是在大学里演讲还是在纽约的政治集会上提出的见解。

优秀的雄辩天才菲利浦斯曾说："雄辩的第一意义便是以听众的经验为自己演讲的根本出发点。他所演说的内容十分符合听众的口味。"

菲利浦斯说："演讲者愈能将自己的思想融入听众的经验中，就愈容易达到目的。"他还说，"我跟朋友说我的邻居买了一车紫苜蓿。我这位从未见过紫苜蓿的朋友对此十分困惑。因此，我又说：'紫苜蓿是一种草。'于是，他马上就对紫苜蓿有了一个大体的印象。这样，经过我一补充，这句话就变得十分容易理解了，这是因为说者将解释融入了听者的经验之中。"

菲利浦斯还举过一个相似的事例："当我的朋友踏入家门之时，天气十分晴朗。一小时后，我走出门说快要下雨了，开始，他不相信我的话，我告诉他，西方乌云滚滚，闪电划空，冷风四起，他便信了我的话。我是如何说服他的呢？我只是向他说了乌云、闪电和狂风三种事实而已，而这三种事实是与他之前经历过的风雨即将来临时所有现象都相同。因此，他便信了我的话。"菲利浦斯得出一个结论：如果要他人相信你，关键是要列出与听者的经验相似的事实。

阐明得失，没有人能够拒绝你

人们任凭你口头狂轰滥炸都无动于衷，那是因为语言的诱惑等于"口说无凭"，而当利益"眼见为实"地摆在面前，相信很多人就会把持不住了。

在生活中，人们常用晓之以理、动之以情的方法来说服他人。但事实证明，有时情不一定能打动人，理也不一定能说服人。此时，就要想到以利服人——对方之所以不服，无非是为了某种利益，只要将其中的利益说开了，对方的心理防线也就很容易松弛了。

齐国孟尝君田文，又称薛公，用齐来为韩、魏攻打楚，又为韩、魏攻打秦，而向西周借兵求粮。韩庆（韩国人，在西周做官）为了西周的利益对薛公说："您拿齐国为韩、魏攻楚，五年才攻取宛和叶以北地区，增强了韩、魏的势力。如今又联合攻秦，又增强了韩、魏的势力。韩、魏两国南边没有对楚国侵略的担忧，西边没有对秦国的恐惧，这样，辽阔的两国愈加显得重要和尊贵，而齐国却因此显得轻贱了。犹如树木的树根和枝梢更迭盛衰，事物的强弱也会因时而变化，臣私下替齐国感到不安。您莫如使敝国西周暗中与秦和好，而您不要真的攻秦，也没有必要向敝国借兵求粮。您兵临函谷关而不要进攻，让敝国把您的意图对秦王说：'薛公肯定不会破秦来扩大韩、魏，他之所以进兵，是企图让楚国割让东国给齐。'这样，秦王将会放回楚怀王来与齐保持和好关系（当时楚怀王被秦昭襄王以会盟名义骗入秦地，并被扣押），秦国得以不被攻击，而拿楚的东国使自己免除灾难，肯定会愿意去做。楚王得以归国，必定感激齐国，齐得到楚国的东国而越发强大，而薛公地盘也就世世代代没有忧患了。秦国解除三国兵患，处于三晋（韩、赵、魏）的西邻，三晋也必来尊事齐国。"

薛公说："很好。"因而派遣韩庆入秦，使三国停止攻秦，从而让齐国不向西周来借兵求粮。

韩庆游说的根本和最初目的就是让齐国打消向西周借兵求粮的念头。他的聪明之处是没有直接说出这个目的，而是以为齐国的利益着想、为齐国的前途考虑为出发点，在为齐国谋划过程中，自然地达成了自己的目的。所以在说服他人时一定要以对方的利益为出发点，要让他明白各种利害关系、挑明他的利益所在，然后再关联到自己的目的和利益。

下面介绍几种以利益说服他人的技巧。

1. 直陈后果，以利制人

此方法，就是直接告知被说服者，不接受劝说，就会失去某种"利"，从而以一种强制性和不可抗拒性使对方接受。

丁某在一机关单位上班，由于他自视有靠山，常常置单位规章制度于不顾，迟到、旷工、上班时间吵闹等恶习不改，影响极其恶劣。为此，好几任机关领导虽然都曾找丁某苦口婆心地谈过话，但都因方法不当或力度不够而没有解决——情与理的说服遇到了阻碍。新领导上任，直接找到丁某办公室，当着众人的面警告："我已经宣布了单位新的规章制度，甭管是谁，如果违反，丑话说前头，我就先'烂掉'这根出头的'椽子'——咱们单位人满为患，需要精简人员。我说得出，也能办得到，不信就试试!"丁某从没听过这么坚定有力的"威胁"话语,哪里敢再试?结果,新领导没有讲什么大道理,就根除了丁某的恶习。其解决的关键就是"利益"发挥了作用——谁也不想丢掉自己的饭碗。

2. 对比利害,以利喻人

直陈后果固然可以强制人服从,但它只适用于那些比较顽固不化的人,对于大多数人来说,还是要通过使其心服来主动听从说服者的意见。这就需要说服者从"利""害"两个方面阐明利弊得失,通过利与害的对比,清楚明白地分析出何为轻、何为重,向被说服者指出如何做更有利,更易于被说服者接受。

有一个人很不满意自己的工作,他愤愤地对朋友说:"我的领导一点也不把我放在眼里,改天我要对他拍桌子,然后辞职不干。"他的朋友不希望他辞职,就问:"你对那家贸易公司完全弄清楚了吗?对做国际贸易的窍门完全搞懂了吗?"他回答:"没有!"他的朋友建议说:"君子报仇十年不晚,我建议你好好地把他们的一切贸易技巧、商务文书和公司组织完全搞懂,再辞职不干。你把公司当作免费学习的地方,什么东西都懂了之后,再一走了之,不是既出了气,又有许多收获吗?"由于他的朋友从分析"现在就辞职的利弊得失"入手,从维护他的利益出发,进行分析,提出建议,最终那人听从了朋友的建议。

3. 结合情理,以利动人

有时候,单纯的"利"难免给人以贪婪庸俗之嫌,最好是在对被说服者利益尊重和认同的基础上，将利与情、理有机结合起来论事说理、条陈利害。

著名体操运动员李宁，在退役时面临很多的选择：广西体委副主任职位；年薪百万美元的外国国家队教练；演艺界力邀李宁加盟，那是明星偶像之路；健力宝公司也有招募之意。李宁举棋未定。健力宝公司总裁李经纬再次面见李宁，他先谈起一个美国运动员退役后替一家鞋业公司做广告，赚钱后自己搞公司，用自己的名字命名公司和鞋的牌子，非常成功，听后，李宁若有所思。然后他从李宁想办体操学校的理想入手，分析说："要是你想靠国家拨款资助，不是不可以，但许多事情不好解决。与其向国家伸手，不如自己闯条路子。所以我认为你最好先搞实业，就搞李宁牌运动服吧。赚了钱，有经济实力，莫说你想办一所体操学校，就是办十所也不成问题。"这番话使李宁的心为之一动。见时机已经成熟，李经纬提出："请你考虑一下，是不是到健力宝来？我相信只要我们携手合作，绝对不会是1+1=2这样简单的算术。从另一个角度说，就目前，恐怕也只有健力宝能帮助你实现这个理想。我那时创业，走了不少弯路，你应该也不至于从零开始吧，那实在太难。你到健力宝来，我们是基于友情而合作，健力宝也需要你这样的人。"面对李经纬的热情、诚恳的邀请，李宁终于决定到健力宝去。

李经纬劝说李宁时，突出地表现了对李宁切身利益的关注，论证了李宁到健力宝公司的有利性，同时又充分表现了朋友般的拳拳之情，非常有人情味，从而打动了李宁，也实现了自己的劝说目的。

从他人最感兴趣的事着手

"要迅速和与你不相干的人与事情建立起关系，特别是和名人、大事件有所牵连。"这好像是每个渴望成功的人梦想中的捷径攻略。要获得这样的机会不是不可能，前提是要摸清对方兴趣所在，才能提高获取交流机会的概率。

爱德华·博克是《妇女家庭杂志》的著名编辑。13岁时，他给当时的每位名人都写了一封信，引起了他们的注意。当时，他只是西联电报公司里一个送电报的小孩而已。可他没费什么力气就与众多名人交了朋友，比如格兰特将军夫妇、拉瑟夫特·海斯、休曼将军、林肯夫人、杰斐逊、戴维斯等人。在博克的众多朋友中，拉瑟夫特·海斯后来当选为美国总统。博克初创《伯罗克里杂志》时，拉瑟夫特在头版发表了一篇文章，使杂志的身价倍增，一路看涨，销量大大提高。

在这个世界上，许多人都盼望着那些地位显赫的大人物能在百忙之中注意一下自己，如果没有合适的方法的话，这种渴求也只是一个遥不可及的梦罢了。

年轻的爱德华·博克却十分幸运，他与这些大人物交上了朋友，很明显，这些友谊对他的人生有很大的作用。

他给大人物们写的信都很特别。为了增强信件的针对性,他熟读名人的传记,熟悉了每位名人的性格。这样,他写的信自然就很有吸引力,因而也深深地打动了那些名人。

彼亚特回忆道:"博克想核实一下伟人传记中的一些事情,于是,他就凭着孩子特有的真诚直接写信去问加菲尔特将军,问他小时候是否真的做过纤夫。同时,他还将写这封信的原因向将军一五一十地道明。不久,将军客气地回复了他,详细地回答了他的问题。他从将军的回信中受到了不少鼓舞,他还想得到其他名人的书信,不只是为了能得到他们的手迹,更重要的是,他想从名人的回信中学到一些对自己有益的知识。

因此,他又开始写信了。他不是追问那些伟人们做事的理由,就是询问他们生平最重要的事情或日期……还有几个人欢迎爱德华去做客。所以,每当那些与他通过信的名人来到伯罗克里时,他都登门致谢,以示敬意。"

就这样,所有人都想让那些自己不曾有机会接触的大人物注意到自己,我们都想攻克这些重要的"碉堡",可我们有哪些良枪良炮呢?我们能否像博克一样从他人的事情中寻找属于自己的"枪炮"呢?

要想打动他人,首先应该引起他人的注意,并牢牢抓住这个机会。

这是博克成功的所在,他运用了所有能干的人所常用的策略达到了自己的目的:以每位名人最感兴趣的事作为出发点去接近他们。

安德鲁·卡耐基能在事业陷入生死存亡的关头奇迹般地扭转溃败的局面,除了他的好运气之外,大部分是因为他成功地运用了这一策略。当时,有一笔规模很大的铁路桥梁工程的生意几乎快被别人抢去了。

他想尽了一切办法,想让桥梁建筑公司的决策层改变主意。当时,人们对于熟铁好于生铁这一重要事实并不了解,于是,卡耐基就以此为突破口,开始了他的行动。据卡耐基说,那时,仿佛上天注定一般,发生了一件出乎意料的事情,给了他一个绝妙的机会。一位管理人员在黑暗中驾驶一辆马车时,不小心撞到了一根生铁做的灯柱上,发生了惨剧。

卡耐基马上做出反应。他说:"大家看见了吧?如果灯柱是用熟铁做的,这样的惨剧就不会发生了。"于是,在事实面前,他们相信了卡耐基的说法,他得到了为他们详细解说为何熟铁比生铁好的机会。

在那些决策人已经准备接受那家公司标价的关键时刻发生了这样的事,而卡耐基竟然在如此短暂的时间里从竞争对手那里抢过了这笔大生意。他及时而恰当地运用了与爱德华·博克同样的方法:从管理人的切身经验中寻找让自己脱颖而出的机会,最终达成目标。

当我们和他人交谈时,如果发现对方的眼神在游移,同时感觉到他们的注意力并不在我们身上之时,也许是因为我们忽略了这个策略；我们没有去关心对方的经验和体会，谈话中没有他特别感兴趣的东西。

用对方的观点说服他最有效

"以其人之道还治其人之身"，这句老话也可以用在与对方的过招中。什么样的招式都没有以对方的招式武装自己来得更具杀伤力。当你拥有对方的思路和策略，那么想要征服对方的目标已经开始实现。

汽车大王亨利·福特曾说：从我和他人的很多经验中可以看出，那个所谓的成功的策略就是从他人的角度去考虑问题，用"推己及人"的思维去看待各种事物。通用电气公司原总经理欧文·扬也说过：那些拥有光明前程之人，恰恰是那种有易地而处的思维、能够探究和关注他人心理的人。

亨利·福特和欧文·扬在这两句话中已经完全抓住了我们在上文中讲过的与人相处的要领了。福特用"推己及人"四个字说明了人与人之间的不同之处：人们各有各的需要、问题、见解和独特的趣味、经验。如果我们想把握住他人，就要从他人的观点出发去接近他们才行。

其实，这个要点也十分简单。只要我们在说话时稍微注意一下说话的时机和内容就可以了。

你知道卡耐基的弟弟和善良的老人派伯的有趣故事吗？

卡耐基基斯顿桥梁公司有一位股东叫派伯。他十分妒忌卡耐基的其他事业，如专为桥梁公司供铁的钢铁厂等。为此，他们还争吵过许多次。一次，派伯以为一份合同抄错了，于是就表示出对卡耐基的弟弟十分不满意。

其实，派伯是想弄清楚合同中所写的"实价"二字的意思。价目表上标的是"实价"的字眼，可当交易顺利结束时，没有人提到"实价"这件事。卡耐基的弟弟对此是这样说的："哦，派伯，那是不需要再加钱的意思。"派伯满意地答道："哦，那就好。"

卡耐基评价这件事说:"很多事都是要这样解决的,如果说'实价即不打折扣',也许就会马上引起纷争。"卡耐基的弟弟以对方能够了解的方法迎合了派伯的心思。

以下这个小故事就说明了一个运用语言来感化他人的道理。

纽约的著名律师马丁·里特尔顿以雄辩而闻名。他也十分清楚地解释过这个原理:如果不能令与我们交谈的人提起兴趣,或者不能将其折服,也许就是因为我们不能站在对方的立场上去考虑问题的缘故。

只要是推销过商品的人都知道,一个想法是否成功不只由那个想法本身的性质决定,很大程度上还要看你是以怎样的态度去向他人展示你的想法。

当威尔逊总统为组织国联而游说欧洲各国时,豪斯上校就用一个小方法使威尔逊说服了法国政府。豪斯在威尔逊与那位绰号叫"法国老虎"的克莱·门索会晤的前10分钟贡献了一个尽管很小但却十分聪明的主意。他建议威尔逊把先谈海洋自由问题作为说服法国的方法,因为这是法国亟须解决,而与国联又密切相关的事。

果然,克莱·门索对此十分感兴趣,后来他终于支持成立国联。威尔逊之所以能赢得"法国老虎"的支持,完全是因为他告诉后者国联可以满足他的某种需要,从而把自己的计划与克莱·门索的观点融合在一起。

"以其人之道还治其人之身"是说服别人的灵丹妙药,可是我们总是不能运用这一法宝,因为我们总是忘记思考问题。比如,在出席一个集会之前,我们是不是总会考虑自己该说什么呢?我们是否能顺着对方的兴趣来表达自己的意见呢?是否能顾及他人的最急切的需要呢?在向上级汇报之前,在见一位顾客之前,在与一个同事交谈之前,在召见一个下属之前,有多少人能真正地考虑过这些人的需要呢?多纳姆说,有一次一位很能干的推销员曾经说过一句十分有道理的话:"如果我们在拜访一个人时,不知道应该对他说什么,也没想过要观察他的兴趣和思想,以及他会怎么回答我们的话,就鲁莽地冲到他的办公室,这种做法是非常不明智的。你不如在他办公室外考虑两个小时,然后去敲他的门。"

多数派就是压力

当两个人统一口径诱使某人采取求同行为时,几乎没有人会做出错误选择。如果人数增加到三人,求同率就迅速上升。从众心理与从众效应在生活中随处可见,多数派容易形成压力,具有说服别人的力量。

战国时代,互相攻伐,为了使大家真正能遵守信约,国与国之间通常将太子交给对方作为人质。《战国策·魏策》有这样一段记载:

魏国大臣庞葱,将要陪魏太子到赵国去做人质,临行前对魏王说:

"现在有一个人来说街市上出现了老虎,大王可相信吗?"

魏王道:"我不相信。"

庞葱说:"如果有第二个人说街市上出现了老虎,大王可相信吗?"

魏王道:"我有些将信将疑了。"

庞葱又说:"如果有第三个人说街市上出现了老虎,大王相信吗?"

魏王道:"我当然会相信。"

庞葱就说:"街市上不会有老虎,这是很明显的事,可是经过三个人一说,好像真的有了老虎了。现在赵国国都邯郸离魏国国都大梁,比这里的街市远了许多,议论我的人又不止三个。希望大王明察才好。"

魏王道:"一切我自己知道。"

庞葱陪太子回国,魏王果然没有再召见他了。

"市"是人口集中的地方,当然不会有老虎。说市上有虎,显然是造谣、欺骗,但许多人这样说了,如果人们不是从事物真相上看问题,也往往会信以为真的。

这个故事本来是讽刺魏惠王无知的,但后世人引申这个故事成为"三人成虎"这句成语,乃是借来比喻有时谣言可以掩盖真相。但这个故事同时也向我们揭示了这样一个道理:当多数人都认定同一件事情时,这势必对判断者造成一定的压力。

说服别人或提出令人为难的要求时,最好的办法是由几个人同时给对方施加压力。那么为了引发对方的求同行为，至少需要几个人才能奏效呢？

实验结果表明，能够引发同步行为的人数至少为 3 名。当两个人统一口径诱使某人采取求同行为时，几乎没有人会做出错误选择。如果人数增加到 3 名，求同率就迅速上升。效果最好的是 5 人中有 4 人意见一致。人数增至 8 名或 15 名，求同率也几乎保持不变。但是，这种劝说方法受环境的制约较大，在一对一的谈判中或对方人多时就很难发挥作用。当对方是一个人时，你可以事先请两个支持者参加谈判，并在谈判桌上以分别交换意见的方式诱使对方做出求同行为。

在纸牌游戏中，经常能看到这种现象。纸牌游戏一般由 4 个人参加，在游戏过程中如果时机成熟，有人会建议提高赌金或导入新规则，同时也会有人提出异议，这时如果能拉拢其他两人，3 个人合力对付 1 个人，那么剩下的那个人会因寡不敌众而改变自己的主张，被多数的力量说服。

孔子的学生曾参是战国时一个有名的学者，至孝至仁，在道德方面是无可挑剔的。他的母亲对儿子极为了解。有一次，曾参有事外出未归，碰巧一个与他同名的人杀了人被抓走了。一位邻居急忙报信给曾母："你的儿子因为杀人被捕了。"曾母连连摇头，相信曾参不会杀人，所以依旧织自己的布。不一会儿，另一个邻居跑来对曾参的母亲说："你的儿子杀人了。"曾参的母亲开始有些怀疑了，但仍然不信自己的儿子会杀人。不久第三个人对曾母说:"你的儿子杀人了,你赶快跑吧,不然官府就要来抓你了。"话音刚落,曾母已经扔掉织布的梭子,准备翻过墙头去逃难了。

从众心理是指人们改变自己的观念或行为,使之与群体的标准相一致的一种倾向性。也许有人说,我是个意志坚强的人,不会随便改变自己的观念。但是,当大家众口一词地反对你时,你还能坚持自己的意见吗?

社会心理学家所罗门·阿希做过一个比较线条长短的实验。在实验中,有1个大学生,还有6个研究者参与实验(大学生并不知道这些人是研究者),大学生总是最后一个发表意见。

当线条呈现出来后,大家都做出了一致的反应。之后呈现第二组线条,6个研究者给出了完全错误的答案(故意把长的线条说成是短的)。这时,最后一个发言的大学生就十分迷惑,并且怀疑自己的眼睛或其他地方出了问题,虽然他的视力良好。

迫于群体压力,他还是说出了明知是错误的答案。人们为了

被喜欢，为了做正确的事情必然表现出从众行为。那么，在什么条件下人们会从众呢？

（1）当群体的人数在一定范围内增多时，人越多人们越容易发生从众。"三人成虎"，说的就是这种情况。不过当群体的人数超过一定的数量时，从众行为就不会显著增加了。

（2）群体一致性。当群体中的人们意见一致时，人们的从众行为最多。如果有一个人的意见不一致时，从众行为就会低至正常情况的1/4。

（3）群体成员的权威性。如果所在的群体里都是著名的教授，那么即使他们说出了明显错误的事情，自己也会好好思考一下；如果所在的群体里是普通人，当他们说出明显是错误的事情时，自己肯定会立刻反驳。

（4）个人的自我卷入水平。无预先表达即自我卷入水平最低；事先在纸上写下自己的想法，之后再表达——自我卷入水平中等；公开表达自己的想法表示自我卷入水平高。实验证明，个人的自我卷入水平越高，越拒绝从众。

简单说来，从众即是对少数服从多数的最好解释。不过，这种服从是少数派心甘情愿的服从。

从众效应是指人际交往中个人受群体影响自动服从群体的效应。日常生活里，人们经常表现从众行为倾向，即受周围多数人的影响，自动选择多数人愿意做的事去做。

例如，在一条人头攒动的繁华街道上，有人站立在那里使劲朝上张望，不一会儿便吸引周围的人停下来一起张望，即使许多人并不知道为什么而张望，也会不知不觉地看上几眼，后来停下来张望的越聚越多，形成一群人一起在张望的现象。

其实这样类似的事情，在日常生活中并不少见。社会心理学家指出，人们普遍具有从众心理的原因：一是从众行为使人获得安全感，多数人同意做的事即使错了也比一个人做错事要好；二是从众行为容易为群体所接受，任何人的生存都离不开群体，希望自己为群体所接纳，而不愿被群体所排斥。

按照正确的社会规范、群体要求的从众行为是积极的。人际交往中的从众心理，在不同人身上表现不同。自信心较强和个性较突出的人从众心理较为淡薄，自信心不足和个性随和的人从众心理较为明显。

社会心理学家关于从众行为性别区别的研究证实，女性一般比男性从众性高。许多不同条件下的实验结果表明，女性从众率为35%，男性从众率为22%。女性从众率高的原因是女性较男性易于遵从于群体的压力，也由于女性更倾向于维护群体的凝聚力。

利用权威人士帮你说话

人天生有服从的需要，对权威会有本能的相信。善于用语言征服别人的人，常常会引用名人或权威者的话，来提高自己言

论的可信度。但在利用权威帮你说话时，也要注意人们的依赖心理，把对方厌烦心理控制在一定的范围之内。

在说服别人的时候，抬出权威来说话，这就是权威说服法。利用权威能使你的说服工作顺利进行，事半功倍。假如你知道怎样运用权威，你就可以很顺利地成为胜利者。

利用人们相信权威的心理进行说服工作的例子很多，在日常生活中也随处可见。比如有些推销人员在卖人寿保险的时候，他们喜欢提到权威人士。他们说："过去有五位总统都买了我们公司的人寿保险。""你们公司的经理也买我们的人寿保险。"大家会说："噢，我们公司的经理那么精明能干，他都买你们的人寿保险，看来你们的人寿保险是不错，买吧。"一些推销员并没有经过很深的判断，但他就这么做了。这就是利用了人们相信权威的心理。

很多时候国内请一些国外的人士来做报告，其实国内有些方面的技术水平并不一定比国外的差，但是"外来的和尚会念经"，大家的权威心理在作祟；另外，也希望听一听外面的人的意见，这也是一种权威心理。

有的时候没有这种权威人士给你做宣传，那怎么办呢？利用权威机构的证明。权威机构的证明自然更具权威性，其影响力也非同一般。当客户对产品的质量或其他问题存有疑虑时，销售人员可以利用这种方式来打消客户的疑虑。例如："本产品经过××协会的严格认证，在经过了连续9个月的调查之后，××协会认为我们公司的产品完全符合国家标准……"

除了利用权威机构的证明外，我们还可以使用确凿的数字和清晰的统计资料。很多有经验的商人会说："这家工厂利用了我们这个机器产量增加20%，那个工厂利用了我们的计算机效率提高了30%。"然后把这些数字，很系统地给新客户看，新的客户很容易地就接受了。他们还有一种方法，就是用前面的顾客买了他们的产品觉得满意写来的信函做宣传,这个时候,这种做法对新顾客、对一些小的公司也能产生一定的影响和起一定的作用,这就是权威心理。

善于用语言征服别人的人,常常会引用名人或权威者的话,来提高自己言论的可信度。人们对事物的看法常常是带有偏见的,无论是什么,只要有权威人士或有名气的人捧场,大多会认为是上品,纵然是以前根本名不见经传的,也会有很多人去购买。这是一种错觉,人们往往会将推荐的人和推荐的东西混为一谈。这种心理现象,经常在日常生活中发生。如电视的商业广告或其他宣传海报,常聘请名人或权威者来宣传,便是利用人们的权威心理。电视广告可以反复播送,商品的特性便深深印在观众的心里。

但使用这种技巧,必须恰当。电视的商业广告,在宣传商品特色时,如果和标语不一致,会得到相反的效果,岂不可惜。譬如,以制造健康酒为主的中药厂商,为了扩大营业,利用电视广告做宣传,他们打破传统的做法,提出现代化的卫生工厂设备,及聘请有名的演员做宣传,想抓住年轻阶层。结果,却完全失败。因为,无论男女老幼对健康酒的一贯传统认知,是要求信赖感和安心感,绝不是在求其合理性或新鲜度。

总之,引用名人或权威者以提高产品知名度时,先要能正确地把握对方的期待、对方的弱点,才能发挥最佳的效果。

怎样运用权威非常重要,因为它足以反映你能把人际关系处理得如何,还有你怎样引导对方努力朝向一个共同的目标——你的目标。也许你认为没什么必要使用权威，但了解权威怎么发挥它的力量对你却大有帮助，特别是当它挡住了你的路时。

无论何时你宣扬权威，同时你也是在宣扬你的领导权、你的可信任性，以及你的不易犯错（某种程度的）等特性。你在说明你是对的，你的想法要被遵循，同时，你也是在冒险。如果你没有成功的话，你可能会发现你不只输了一场比赛，还有别人对你领导能力的信心。若你误用了权威，别人会知道，而且会把你的失败加以夸大。出了纰漏的说服者可能会发现，以前对他忠实的跟随者正在背叛他。

身为权威者要知道他力量的来源，还要知道怎样去处理他在别人身上激发的情感。权威者之所以是权威者，原因是别人相信他是。

在某些方面，所有的权威都会让人想起自己的父母。小孩子相信他们的父母是强壮的、对的、无所不知的，因为孩子需要强壮、正确又无所不知的父母。成人之后，人们会把这种尊敬、恐惧和愤怒的感情投注在权威者身上，赋予他相当的力量。

当父母告诉长大些的孩子该做什么时，他们会觉得生气，但是通常他们对于反抗父母也会觉得焦虑和内疚，因此努力控制自己不要去厌恶父母。同样，当权威者告诉大人要怎样做时，他们一样会觉得生气，但也试着控制自己的厌恶之情。

所以，我们在利用权威时要注意人们的依赖心理，把对方厌烦心理控制在一定的范围之内。

第三章 成功者离不开八方支援
——求得他人帮助的心理博弈

即使你是天才也需他人相助

人能取得多大成就和多少财富，与自己的能力及合作伙伴的合作程度有很大的关系。正像胡雪岩所说："你做初一，我做十五，你吃肉来我喝汤，大家才能共同发财。"要知道，当你拥有了一些能与你患难与共的好朋友时，你在事业上也就更容易成功。

在历史上，再厉害的好汉也不能凭一己之力称王称霸。只有团结协作、齐心协力才能最终成功。刘邦用得张良、韩信、萧何，得以创建帝业；刘备用得孔明、关羽、张飞、赵云，得以三足鼎立天下；宋江是一遇大事就手足无措，不知"如何是好"的主儿，幸好有梁山一百多位兄弟"哥哥休要惊慌"的辅佐才占据八百里水泊；唐三藏西天取经，没有孙悟空一路的降妖伏魔，猪八戒、沙和尚的鞍前马后，岂能取得真经、普度众生？

在动物世界，即使是凶残的鳄鱼也要合作伙伴帮助它完成捕猎才得以继续生存。

公元前450年，古希腊历史学家希罗多德来到埃及。在奥博斯城的鳄鱼神庙，他发现大理石水池中的鳄鱼，在饱食后常张着大嘴，听凭一种灰色的小鸟在那里啄食剔牙。这位历史学家非常惊讶，他在著作中写道："所有的鸟兽都避开凶残的鳄鱼，只有这种小鸟能同鳄鱼友好相处，鳄鱼从不伤害这种小鸟，因为它需要小鸟的帮助。鳄鱼离水上岸后，张开大嘴，让这种小鸟飞到它的嘴里去吃水蛭等小动物，这使鳄鱼感到很舒服。"这种灰色的小鸟叫"燕千鸟"，又称"鳄鱼鸟"或"牙签鸟"，它在鳄鱼的"血盆大口"中寻觅水蛭、苍蝇和食物残屑；有时候，燕千鸟干脆在鳄鱼栖居地营巢，好像在为鳄鱼站岗放哨，只要一有风吹草动，它们就会一哄而散，使鳄鱼猛醒过来，做好准备。正因为这样，鳄鱼和小鸟结下了深厚的友谊。

人们常说"爱拼才会赢"，但偏偏有些人是拼了也不见得赢，关键可能在于缺少他人相助。在攀登事业高峰的过程中，他人相助往往是不可缺少的一环，有了他人相助必然增加成功的筹码。例如，你在工作中一直不是很顺利，心灰意冷，你开始打退堂鼓，你的一位上司却在这时候拉了你一把，设法帮助你跨过了这道坎儿，重新燃起你的斗志。

细心观察的人会发现，公司里总是有那么一些人，平时有事没事就到其他部门和岗位转转，人事、财务等部门更是他们重点光顾的对象，有事说事，没事混个脸熟，遇到机会更是烧上一把高香。也许若干年之后，一些成功机遇便轮到这些人的头上来了。成功的人都有长远的眼光，早做准备，未雨绸缪。这样，在危急时就会得到意想不到的帮助。

丁力在美国的律师事务所刚开业时,连一台复印机都买不起。移民潮一浪接一浪涌进美国时,他接了许多移民的案子,常常深更半夜被唤到移民局的拘留所领人,还不时地在黑白两道间周旋。他常开着一辆掉了漆的本田车,在小镇间奔波,兢兢业业地工作。天长日久,他终于有了些成就。然而,天有不测风云,一念之差,他的资产投资股票几乎亏尽。更不巧的是,岁末年初,移民法又再次修改,移民名额减少,他的事务所顿时门庭冷落。这时,丁力收到一封信,是一家公司总裁写的:愿将公司30%的股权转让给他,并聘他为公司和其他两家分公司的终身法人代表。他不敢相信天上真的掉下馅饼。总裁是个40岁开外的波兰裔中年人。"还记得我吗?"总裁问。他摇摇头。总裁微微一笑，从硕大的办公桌的抽屉里拿出一张皱巴巴的5美元汇票，上面夹着的名片印有律师事务所的地址、电话。丁力实在想不起有这一桩事情。"10年前，在移民局……"总裁开口了，"我在排队办工卡，排到我时，移民局已经快关门了。当时，我不知道申请费用涨了5美元，移民局不收个人支票，我又没有多余的现金。如果我那天拿不到工卡，雇主就会另雇他人了。这时，是你从身后递了5美元过来，我要你留下地址，好把钱还给你，你就给了我这张名片。后来我在这家公司工作，很快我发明了两项专利。我单枪匹马来到美国闯天下，经历了许多冷遇和磨难。这5美元改变了我对人生的态度，所以，我不能随随便便就寄出这张汇票……"

这个故事颇具传奇性。传奇带有偶然性，只要这种偶然性爆发，就会成为人生的重大转机。尽管他起初不是有意的，却是无心插柳柳成荫。这种无意间的滴水之恩，带来的是受助者日后的涌泉相报。要有长远的眼光，真正利用关系，早做准备，未雨绸缪。这样，在危急时就会得到意想不到的帮助。

某公司有两个打工的小青年，第一个青年因为精明能干，很受老板的器重。老板喜欢把大大小小的事都交给他去办。第二个青年不怎么显山露水，平时的额外工作也不多。日子长了，第一个青年心里就有了些想法，觉得钱没比别人多拿，事却干得不少，实在是不划算。有一次，老板买了一套房子请人装修，让他去帮忙照看一下，他找借口推掉了。第二个青年见状，便自告奋勇去充当监工，每天都守到很晚才离开，他从老板与包工队打交道的过程中受到了很多启发。房子装修完工后不久，老板就宣布提升第二个青年为一个分公司的经理。第一个青年感到不平，不管是论能力还是论业绩，他都是公司里最突出的，但好事却落到了别人的头上。其实，这就是因为他对工作干多干少太过于计较造成的。

有了他人的提携，加之个人的能力与努力，你的成功之日就不远了。正像胡雪岩所说："你做初一，我做十五，你吃肉来我喝汤，大家才能共同发财。"要知道，当你拥有了一些愿意与你患难与共的好朋友时，你在事业上也就更容易成功。你也许在业务上很内行，但是假如在你的周围没有人愿意帮助你和支持你，你的生意也就不会有多大的发展。曾经有人说过："成功的90%是协调人际、和谐共济带来的，只有10%才是技术的突破改进带来的。"

先让别人认可你

处理人际关系就像钓鱼一样，你要想获得对方的认同，首先要考虑的是，他们喜欢什么，你有什么可以将他们吸引到自己的身边来。你想钓不同的鱼，就有必要投资不同的饵。

请试着回想自己完成过的工作。和自己的部下同心协力进行的工作，想必是较顺利、轻松得多了。相反地，若无法得到他人的认同、帮助而焦急，会导致烦恼，什么也做不好，从而陷入更糟的困境。

最好的情况是双方相互理解，达成共识，这就是说服。正因为如此，拥有良好的说服力是非常重要的。或许你从未顺利地完成工作，或许你并没有好的人际关系，那么现在，请你试着考虑获得人们对你的认同。

"说服"并不是要对方俯首称臣，完全按照自己的意思去做，而是要尊重对方，让对方理解，得到赞同，因而产生相同的看法。试着从这些观点审视自己，具体地想想，哪里不对、何处不懂。

将这些问题一一地解决，不管是在工作中还是在人生的道路上，创造出一个良好的循环，这就是享受工作、快乐度日的窍门。

我们说话做事情，都必然或多或少地为自己打算，但是，我们为了能够得到他人的帮助，就必然要与他人发生关系，或者有益于人，或者有损于人。如果有益于人，就能得到他人的认同和帮助；如果有损于人，必然遇到抵抗。所以，需要得到对方的认同。

古代有许多人向国君毛遂自荐，要为国家效力。与其说国君是被他们的道理所说服，倒不如说国君是被他们报效国家的诚意所打动，他们得到了国君的认可。

晋献公时，东郭有个叫祖朝的平民，上书给晋献公说："我是东郭草民祖朝，想跟您商量一下国家大计。"晋献公派使者告诉他说："吃肉的人已经商量好了，吃菜根的人就不要操心了吧！"祖朝说："大王难道没有听说过古代大将司马的事吗？他早上朝见君王，因为动身晚了，急忙赶路，驾车人大声呵斥让马快跑，坐在旁边的一位侍卫也大声呵斥让马快跑。驾车人用手肘碰碰侍卫，不高兴地说：'你为什么多管闲事？你为什么替我呵斥？'侍卫说：'我该呵斥就呵斥，这也是我的事。你当御手，责任是好好拉住你的缰绳。你现在不好好拉住你的缰绳，万一马突然受惊，乱跑起来，会误伤路上的行人。假如遇到敌人，下车拔剑，浴血杀敌，这是我的事，你难道能扔掉缰绳下来帮助我吗？车的安全也关系到我的安危，我同样很担心，怎么能不呵斥呢？'现在大王说吃肉的人已经商量好了，吃菜根的人就不要操心了吧！假设吃肉的人在决定大计时一旦失策，像我们这些吃菜根的人，难道能免于惨遭屠戮、抛尸荒野吗？国家安全也关系到我的安危，我也同样很担心，我怎能不参与商量国家大计呢？"晋献公听了以后，被祖朝的诚意感动，于是立即召见了祖朝，跟他谈了三天，受益匪浅，于是聘请他做自己的老师。

在社会交往中，我们与人交谈，很多时候是在自我营销，将自己的才华和能力销售出去。我们不要总是想着凭借自己的口才和辩驳将自己的道理说明白，有些时候要适当地从"情"出发，说些能够打动别人、感染别人的话。以情动人是一种润滑剂，如

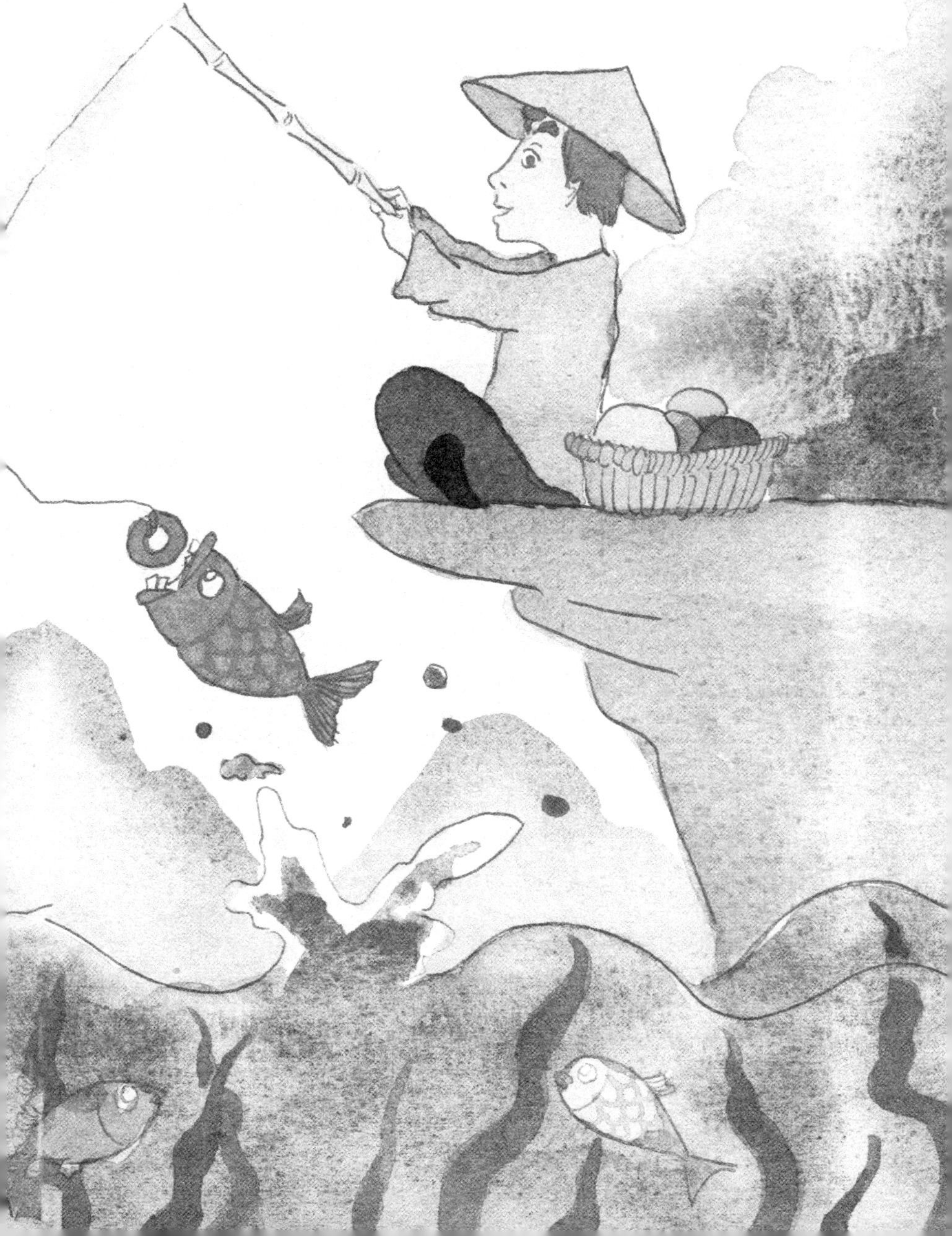

果你能让人在情感上和你产生共鸣,那么你和别人心理上的距离就拉近了很多。

向对方表示钦佩

不管别人的地位高低与否,都能相信对方,重视对方,这样的人必然也能得到大家的认可和尊重。在人际交往中,能经常对他人进行肯定的人,反之也会得到别人的钦佩。

伍特是美国著名的将军,他以英明果敢和善于带兵见长。

1917年秋季,伍特将军在波士顿兵营中负责把这些刚进军营的两万多个新兵训练成精兵良将。一天,当伍特将军的汽车驶来之时,兵营中的一位士兵正与其女友并肩漫步,他不想当着女友的面向长官敬礼,于是假装没看见,蹲下身去系鞋带。他对自己的长官失礼了。

伍特会严厉地责备这个懒散而愚蠢的士兵吗?不会。伍特有着自己独特的带兵方法。后来,几乎每个人都知道了这个故事。

伍特停下来,把那个士兵叫到面前说:"你看见我了吗?"

那士兵尴尬地小声说:"看见了,长官。"

将军接着说:"为了不向我敬礼,你故意装作系鞋带的样子,是不是?"

"是的,长官。"士兵只好承认。

伍特说:"现在,我要告诉你,如果我是你的话,我一定会对我的女友说：'等下，看我怎么让这个老头儿给我敬个礼！'知道吗？"

那士兵敬了一个礼，尴尬地说："是的，长官。"

将军极其严肃地回礼之后，就驱车前行了。

为了让这些尚不成器的野小子懂得当兵的荣耀，伍特将军用了一个许多人都不太注重的方法。他让士兵把自己当成笑柄，他

清楚地告诉他,为了让这"老头儿"给他回礼,他可以先敬个礼。与任何大人物一样,伍特成功地让他的士兵们欢迎他,因为将军能让他们感觉自己是很重要的。

有人问他手下的一个参谋:"伍特为何会如此受士兵们的拥戴呢?"

参谋回答:"我可以告诉你,那是因为就算你站在最后一排,他也会认为你在部队里是不可缺少的。"

无论你是不是行政人员,你都得和不同部门的人打交道。也许,我们都曾注意过,当我们为他们所从事的工作鼓励他们,让他们为之骄傲时,他们会显现出多么大的兴趣。

效率工作制的创始人泰勒就常让他的下属们相信,他们做的事情是最重要的,对整个大局的发展有着非凡的意义。

丹尼尔·古亨汗是铜矿大王,他甚至能让办公室的行政人员也有自尊自重的意识。他说:"在整个组织之中,办公室人员应该与其他成员一样受到同等的尊重。如果一个工作人员来给你送信、报纸,或者因为其他事情来到你身边,你绝不能让他在一边干等着,因为他和我一样,时间都是很宝贵的。"

将心比心

古话有云:"人同此心,心同此理。要人敬己,必先己敬人,你敬人一尺,人敬你一丈。"人际交往就有这样的互补性报偿,报偿是一种自觉不自觉的社会动机,只有尽可能地尊重一个人,才能尽可能地要求一个人。

我们若想得到亲人、朋友、上司、同事、下属的真心帮助,更需要将心比心,多从他人的立场、利益出发来思考,将之巧妙地转化为自己的陈述话语,将话说进对方的心坎里,从而成功求助。

美国女企业家玛丽·凯,在1963年成立了一个化妆品公司,仅有女工9人,如今事业大发展,已经成了拥有20万人的大公司了。她成功的秘诀就是在待人之道上,对下属尊重,平等待人,一视同仁。而这位女企业家之所以履行尊重人的待人之道,是因为她年轻时和经理握手,受到过一次冷遇,那位经理根本不把她放在眼里,她的自尊心受到了莫大的损伤,她办企业后,就把尊重属下、一视同仁当作金科玉律,她的属下自然尽心竭力为公司奋斗,才使得公司得以迅速成长起来。

做人要有人情味,真正的强者都是最善顺人情人意的人。"假如换了我,我该怎么办?"这乃是说服技巧的第一步。通过角色互换,使对方有转换立场的模拟感觉,借此模拟感觉而达到说服对方、获得对方支持的目的。

詹姆斯从小就憧憬着军旅生涯。1929年美国经济恐慌,人人被生活逼得走投无路,年轻人都一窝蜂挤入各兵种的军事学校,而他特别钟情于西点军校,可是有限的名额早就被有权势的人的子弟占据了。他只是个平民,于是他到处打躬作揖,鼓起勇气,

——拜访地方上有头有脸的人物,不怕碰钉子,尽量推销自己:"我是个优秀青年,身体也棒,我毕生最大的愿望是进西点报效国家,如果您的孩子和我有一样的处境,请问您会怎么办呢?"没想到,这些有权势的人物,经过他这么一说,十分之八九都给了他一份推荐书,有的人更积极地为他打电话,拜托国会议员,他终于成了西点军校的学生。

任何人对自己的事,总是怀有很大的兴趣和关切。这位年轻人如果不以"如果您的孩子和我一样"作为说服战术的话,他哪能进西点军校?

要说服他人,先得使他设身处地,对自己困难的问题感到切肤之痛,兴起极端关切。别人在回答"如果你是我……"的问题

时，不自觉地便把自己投影在该问题中了，他已经开始感受到你的处境了。

人可以不远千里跋涉，只为了与知心的朋友共聚一堂；做一次彻夜长谈，只因为朋友可以了解他、理解他、喜欢他、安慰他，这样的朋友才是值得伸出援助之手的人。

把握最佳时机：出其不意，攻其不备

在各种争议中，不论分歧多大，总会有某一共同点能让人人都产生心灵共鸣的，努力抓住它。时机对说服者来说非常宝贵，但如何抓住它，就要靠你的个人观察和应变能力了。

说服他人能否成功，是受多种因素制约的。其中，能否抓准说服的最佳时机，是至关重要的。俗话说："干什么事情都要趁热打铁。"趁热打铁，也就是要求办事要掌握火候，把握时机。孔子在总结教学经验时说过"不愤不启，不悱不发"的话，意思是说：教导学生，要讲究时机。不到他追求明白而又弄不清楚的焦急的时候，不去开导他；不到他想说而说不出来的时候，不去启发他。这个道理，推而广之，用在说服他人上，也是一样的。

大量的事实证明，抓住了最佳时机，一语值千金，事半功倍；背其时，则一钱不值，事倍功半。正如一个参赛的棒球运动员，虽有良好的技艺、强健的体魄，但是他没有把握住击球的"决定性的瞬间",或早或迟,棒就落空了。同样,一个人说话的内容不论如何精彩,如果时机掌握不好,就无法达到说话的目的。因为听者的内心,往往随着时间的变化而变化,所以要对方愿意听你的话或者接受你的观点,就应当选择适当的时机。说服的最佳时机看不见、摸不着,而且随着人的思想和环境的不断变化时而出现、时而隐没,往往稍纵即逝,所以说服者不得不精心研究、捕捉。卡耐基认为:"时机对说服者来说非常宝贵,但何时才是这'决定性的瞬间',怎样才能判明并抓住,它并没有一定的规则,主要是看当时的具体情况,凭经验和感觉而定。"

秦始皇死后,丞相李斯由于受赵高的诱惑,和赵高一起假造圣旨,害死了公子扶苏,把胡亥推上了王位。胡亥继位后,赵高日益受到宠信,地位也不断升高。但是李斯身为宰相,对赵高的地位构成了威胁,赵高决定除掉李斯,于是他寻找机会。胡亥执政十分荒唐,李斯身为宰相,觉得应该劝谏一下,但是由于胡亥不理朝政,李斯根本找不到机会。于是李斯找到赵高,想让他想办法,赵高一口答应了下来。时隔不久,赵高就告诉李斯,说皇上在某某宫,你可以去找他。李斯谢过赵高,找到了胡亥。胡亥当时正在和嫔妃宫女玩乐,看见李斯来很扫兴,大怒并呵斥他下去。从此,李斯被胡亥彻底冷落。

其实，这正是赵高的奸计。他有意在胡亥正玩得开心的时候让李斯去进谏，说一些胡亥不高兴的话，胡亥能不恨李斯吗？

明朝的魏忠贤为了把持朝政，也有意玩这一招。明熹宗朱由校长年不理朝政，除了声色犬马之外，他还有一个特殊的嗜好，就是爱做木工活。他曾经亲自用大木桶、铜缸之类的容器，凿孔、装上机关，做成喷泉，还制成各种精巧的楼台亭阁，还亲手上漆彩绘，常年乐此不疲。权奸魏忠贤便利用了这一点，每当朱由校专心在制作时，他便在一旁不住口地喝彩、夸奖，说："老天爷赐给万岁爷如此的聪明，凡人哪能做得到啊！"皇帝听了更是得意，也更专心了。就在这种时刻，魏忠贤便以朝中之事向他启奏，他哪里还会对这些事有兴趣呢？便不耐烦地挥挥手说："我已经知道了，你自己看着办吧，别再麻烦朕了。"魏忠贤就这样把大权抓在手中。

可见，时机掌握不好，会影响进言效果，也许一件好事会办砸；而掌握了最佳时机，适时地表现出个人的意图，往往会让对方于不知不觉间就被你说服。

在说服人的时候，要特别注意选择对方心情比较平和的时候。因为一些人由于劳累、遇到不顺心之事或注意力集中在其他事情上时,是没有心情来听你说话的。开口说话之前,应先看看对方的脸色,看了脸色,再决定说什么话。

业绩不错的推销员,就善于抓住这些说服的"生物钟"。根据职业的不同,调查出拜访对象较忙碌的时间和较空闲的时间,再据此做一张访问时刻表,根据表上的适合时间做访问。零售的小商人,一大早为了开店的准备而忙碌,根本没有说话的时间,中午之前的时间就较适合做拜访。比如,餐厅是什么时候、医院又是什么时候等,收集这些资料,自己做一份最有效率的访问计划表。

此外,从心理学观点来看,任何人的身心都可能受到一种所谓"生物时间"的支配,每当到了黄昏时分,精神就比较脆弱,容易被说服。一般来说,女性较男性更为情绪化,当受"生物时间"不协调的影响时,也较于男性更易于陷入不安和伤感。

巧妙利用"生物时间"的变化来攻击对方的做法,在商业谈判上也很有效。譬如我们认为此次商谈困难时,最好就选择傍晚时分;若是开会,则将会议拖延至傍晚等。所以选择这个时候进行交涉或举行会议,是实现自己计划的理想时刻。对成功的希望感到渺茫时,最好将交涉时间选定在傍晚时。我们在劝说别人的时候,要注意时机,在办公桌上不好说的事,在酒桌上可能就好说一点;当领导不高兴的时候不要进言,可以等他心情好的时候。只有这样,才能把握说服的最佳时机,话说了，事也办好了，还不得罪人。

为帮助你的人描绘一幅美好前景图

求得他人的帮助，也需要你有一点勾画美好远景的能力。

实际上，在人类的天性中，一直存在这样一个可悲的事实：人们总是在见到具体的回报后才愿意付出。如果你也习惯于这样，可以说，你就什么也得不到。如果你明白了只有先付出，才会有所取的道理，你就是一个很容易成功的人。同样，在人际交往过程中，想获得他人的帮助，不妨和他畅想一下，用未来的美好前景吸引他向你提供帮助。

在请求别人帮助之前，你一定要搞清楚：别人为什么要帮助你？你凭什么能叫别人来帮助你？帮助你的人帮助你的真正目的到底是什么？

皮尔帕特·摩根曾拒绝收购卡耐基钢铁公司。卡耐基和加里都曾希望摩根能做这笔数额巨大的生意，可是，他们都未能成功地说服摩根。

后来，什瓦普就任卡耐基公司的总裁，卡耐基委托什瓦普说服摩根。什瓦普抓住摩根不小心犯的一个错误，折服了这位美国金融界的巨擘。

什瓦普以智巧闻名于世。他设计了一系列使摩根只能倾听而无法拒绝的计划。接下来，他又用一个人们非常熟悉的简单办法，达到了自己的目的。

亚塞·斯特朗记载道："纽约的多位银行家设宴款待什瓦普。他们事先商定，一定请摩根参加宴会。什瓦普在宴会上做了十分精彩的演说。他展望钢铁工业的美好未来，使许多人都十分神往，他没有特意强调某家公司，也没露出演说专为摩根而设的痕迹。他只是说，公司之间的合并可以成为一个完美的增进效率、促进良性竞争、为发起人创造巨大财富的工业组合。他才华横溢，口若悬河，让人无法抗拒。因此，摩根在散席后找到他，问了几个问题。在他们谈完话后，什瓦普竟不负重托，以 4.92 亿美元的价格把卡耐基的公司卖给了摩根。结果，一家拥有数亿资金的规模庞大的美国钢铁公司就这样诞生了，加里担任执行委员会主席，什瓦普任总经理。"

由此可知，什瓦普运用了一个十分简单的策略——激发摩根的想象力，刺激他对金钱的渴求，从而完成了有史以来最重大的收购。

我们应该用语言的魅力先让他们去想象未来的美妙，以勾起他随我们共同努力的欲望，达到让他们帮助我们的目的。

什瓦普就是这么做的。他先让摩根想象那样一幅美好的画卷，他猜到在散席之后摩根一定会与他单独谈一谈。

要想成功，只要用正确的态度、正确的方法，就会很容易达到你的目的了。请求他人帮忙，必须以别人的切身利益为准。古人云："衣人之衣者，怀人之忧。"意思就是说，穿了别人的衣服，

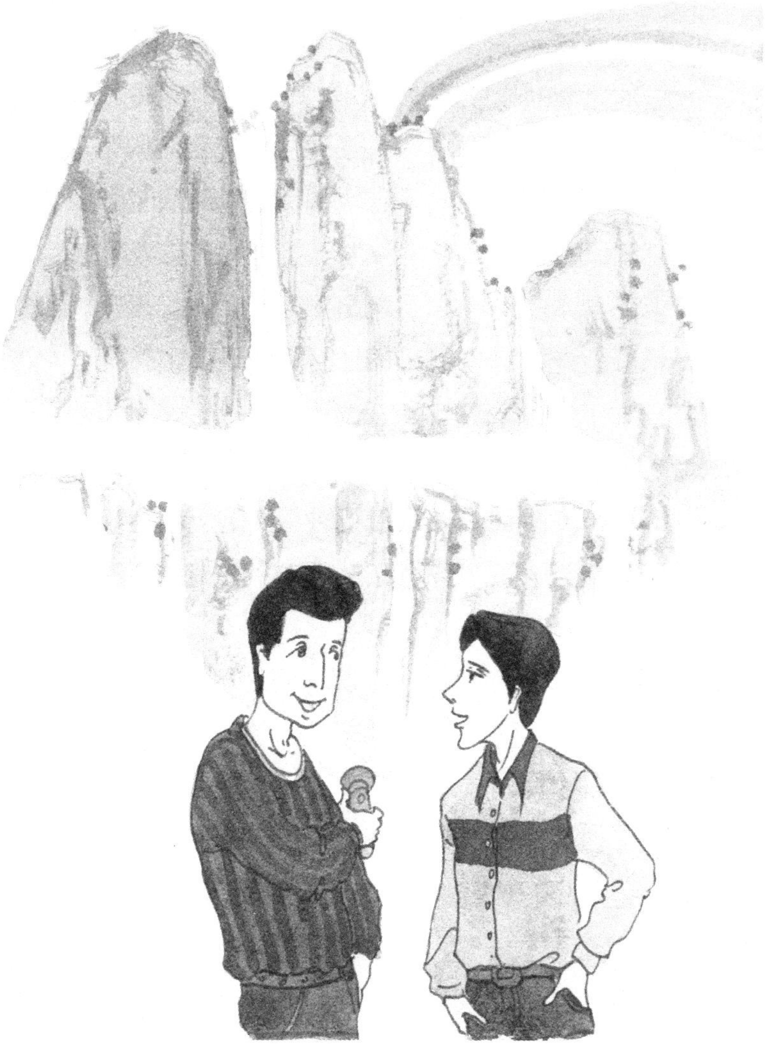

怀里就会装着别人的心事。换句话说，受了人家的好处就得为别人办事。

俗话说："无利不起早。"没有一个人愿意去做没有好处的"无用功"。只要你了解了对方的这种心理，积极主动地满足他的欲望，他就会很痛快地帮助你。

第四章 让别人挨批了还感谢你
——责备批评中的心理博弈

裹上"糖衣",批评更易被接受

"糖衣"良药不苦口,悦耳忠言不伤人。

俗话说:"金无足赤,人无完人。人非圣贤,孰能无过。"我们在沟通中,既需要真诚的赞美,也需要中肯的批评。

人们通常认为,批评他人往往是得罪人的事,所以就不去花心思研究批评的技巧。

在现实生活中,要使批评奏效,切不可损害他人的自尊心,即使你的动机是好的,有充足的理由批评对方,仍要注意不要致使别人的自尊心受到伤害。所以,我们不妨在批评之语的外边裹上一层"糖衣",这样就不会让对方丢面子,对方还会很容易接受。

如果良药用糖衣包起来,吃起来就不会苦口了;如果批评别人时用赞美的方式,别人听起来就悦耳多了,从而更容易接受你的批评,进而采纳你的忠言。

1887年3月8日,美国伟大的牧师、演讲家亨利·华德比奇尔逝世。华德比奇尔被世人称为"改变了整个世界的人"。为了纪念他,一个演讲纪念大会将举行,而莱曼·阿尔伯特应邀向那些因为华德比奇尔的去世而哀伤不语的牧师们演说。

由于急着想表现出最佳状态，阿尔伯特把自己的演讲稿改了又写、写了又改。在作了严谨的润色后，他读给了妻子听，让她提出意见。

妻子感觉他写得很不好，就像大部分写好的演讲稿一样。假如她的判断力不够，她可能就会说："莱曼，你写得太糟糕啦，这样不行，你如果真的读了这样的稿子给听众，他们肯定都会睡着的。这念起来就像一本百科全书。你都已经演讲这么多年了，怎么还会写成这样呢？天哪，你怎么不能像普通人那样说话呢？你难道不能表现得自然一些吗？如果你想自取其辱，就读这篇文章吧。"幸好她没有这样说，否则，你一定知道后果，当然她也知道。

因此，她是这样说的："莱曼，这篇演讲稿如果刊登在《北美评论》杂志上，将会是一篇极佳的文章。"

批评在日常生活中是难免的，工作中更是经常发生。因批评不当而闹别扭、结怨，甚至影响工作，都是常有的事，因此有必要注意批评的技巧。

戴尔·卡耐基《挑战人性的弱点》一书中有这样一个例子：

一家营建公司的安全检查员的职责是检查工地上的工人有没有戴上安全帽。一开始，当他发现不戴安全帽的违规行为时，便利用职务上的权威要求工人改正，其结果是受指正的工人常常显得不悦，而且等他离开，便又将帽子拿掉以示反抗。于是，他总结经验，改变方式，看到有工人不戴安全帽就问是不是帽子戴起来不舒服，或是帽子的尺寸不合适，还用愉快的声调提醒工人戴安全帽的重要性，然后要求他们在工作的时候最好戴上。这样效果比以前好多了，也没有工人显得不高兴了。

如果采用表扬的方式改正一个人的错误，就不会伤害一个人的尊严和自尊心，给其保留脸面。如果想获得驾驭他人的能力，就需付出一定的努力。更重要的是，你因此掌握了一种激励他人改正错误、不断前进的方法。

我国著名教育家陶行知任育才小学校长时，发生过这样一件事情：一天，陶行知无意中看到学生王友用泥块砸同学，就迅速将其制止，并要求他放学后到校长办公室一趟。放学后，当陶

行知处理完手边的事情后赶到办公室时，看到王友早就等候在门口。陶行知把他领进屋，很客气地让他坐下，并没有立即批评他，而是出人意料地从口袋里掏出一块糖递给他："这是奖励你的，因为你遵守时间并且比我先到。"接着又掏出一块糖给他："这也是奖励你的，我不让你打同学，你立即住手，说明你很尊重我，并且也听师长的话，是个好学生。"待王友迟疑地接过糖，陶行知又说："你是个有正义感的孩子，你打同学也不是无缘无故的，是因为他们欺负女同学，你看不过去，才出手打人。"说完陶行知又给了他第三块糖。王友再也忍不住了，边哭边说："校长，我错了，你批评我吧，我不该打同学，我不能接受你的奖励。"陶行知笑了，又拿出第四块糖："你已经承认了错误，再奖励一块。我们的谈话结束了，你可以走了。"

其实，很多时候批评的效果往往并不在于言语的尖刻，而在于形式的巧妙，正如一片药加上一层糖衣，不但可以减轻吃药者的痛苦，而且使人很愿意接受。批评也一样，如果我们能在必要的时候加上一层糖衣，同样可以达到"甜口良药也治病"的目的。

批评要对事，不要对人

理智地建议，不含成见地批评，是一个领导者的基本素质，也是把握人才的基本要领。

我们常说"对事不对人",就是说处理问题的时候,要把人和事分开。

"对事不对人"是在展开批评教育中常用的一句话。这句话的潜台词是:这次这件事没有做好,是做这件事的方法和过程有问题,和做这件事的人关系不大,如果换了其他人,用同样的过程和方法在同样状况下来做同样的事,仍然也会做不好。

这句话之所以能给接受批评的人以安慰,是因为把造成失误的原因归结到做事的人的本性之外了。这句话常常在事件发生之后来使用,而且每次使用都会给人有道理的感觉。

2002年,快速发展中的百度一方面要面对独立流量带来的用户,另一方面还要为合作的门户网站提供搜索服务。当时,负责人丹几乎天天都盯着百度服务器,因为每天承受的访问压力已经接近服务器极限,如果访问人数再增加,就会导致百度独立网站的服务不稳定,严重影响到用户的搜索体验。

恰恰这个时候,销售那边新谈成了一个门户网站,希望马上使用百度的搜索引擎服务。

丹很犹豫,他知道这个服务不应该上,因为新服务很可能成为压垮百度服务器的"最后一根稻草"。但最后因为种种原因,丹没能坚持到底,新服务还是上线了。

结果,连续两天,百度网站的服务稳定性很差,用户在提出搜索请求时经常得不到正常的搜索结果,新服务不得不紧急下线。

丹惴惴不安了好几天，已经做好了挨批评的准备，他明白，以罗宾的个性，是容不得这么大的纰漏的，从不发脾气的罗宾看来要在自己这儿破一次例了……

罗宾确实对这件事很在意，但是在例会上，他并没有对任何人发脾气，而是平静但认真地对丹说："你的职责就是保证百度的服务可信赖，所以这次事故你有很大的责任，要好好反思。"然后很快将话题一转，看着大家说，"现在最关键的是怎么解决这个问题，赶紧讨论一下。"

丹说出了自己准备好的解决方案，罗宾很认真地听着，时而点点头，他觉得这个想法考虑得很全面，然后很投入地和他一起讨论起其中的细节来。丹心头重重的乌云渐渐散去。

会后，丹看见罗宾还是有点不好意思，没想到罗宾却好像已经忘了这件事，主动过来对他说："这个周末你有空吗？"看着罗宾脸上那带着无限企盼的熟悉表情，丹乐了："你是不是又想把大家聚一块儿玩'杀人游戏'了？""是啊，好久没玩了，你们不想玩吗？""早就想了！我去约人，这周末！"这下，那个活力四射的丹又回来了。

虽说事情都是人做的，但在批评下属时，还是要尽量对事不对人。这样做也是为了防止让下属认为你对他有成见。"对事不对人"不仅容易使下属客观地评价自己的问题，让下属心服口服；它的重要意义还在于这样可以在部门内部形成一个公平竞争的环境，使下属不会产生为了自己的利益去溜须拍马的想法。

正确的批评应该是对事不对人。虽然被批评的是人，但绝不能搞人身攻击、情绪发泄。因为要解决的是问题，是为了把事情办好。只要错误得到了改正，问题得到了解决，批评就是成功的。因此，管理者必须首先弄清楚事情的来龙去脉，同员工一起分析出现的问题，做到以理服人。由于是对事不对人，员工便会积极主动地协助领导解决问题。否则，不分青红皂白，撇下问题而教训人，就容易感情用事，员工会误以为是领导在蓄意训人，从而产生思想问题。其实，人和事本是统一的，因为"事在人为"，具体的事都是具体的人做出来的，所以纠正了问题也就等于批评了当事者，而这样做容易被人接受，因为这种方式对事情是直接的，但对人却是间接的。它形成了"上级（批评者）——问题（应解决的事）——下级（被批评者）"这样一个含有具体中介物的结构。言之凿凿，使员工无法抵赖和回避。抽掉中介，直接对人，当事人就可能吃不消。当然，澄清了事实也并不等于解决了员工思想上的问题。接下去的工作应是凭事实摆道理，只要是正确的，不会令人不服。既办了事，又团结了人，真正达到了工作目的。说到底，在感情上对批评者要委婉；在事情上则要抓住直接、本质的问题，即通过事实做人的工作。

"对事不对人"的精髓在于注重成果、尊重规则。批评时，一定要针对事情本身，不要针对人。谁都会做错事，错的只是行为本身，而不是整个人。一定要记住，永远不要批评"人"。

避免对人进行人身攻击，扩大伤害。批评的主要目的是希望

对方改善其行为，如果批评时能够对事不对人，可避免被批评者的情绪反应，也可避免对被批评者的伤害，因为你所表达的是你不喜欢该件事而非被批评者本身。

以理服人不如以情感人

有人情味的话，更能让人悔过，激励人奋发向前。

常言道："欲晓之以理，须先动之以情。"这句话道出了情感的重要性。"感人心者，莫过乎情。"满含情感的批评往往能取得奇效。

一个学生返校时迟了一天，老师对他说："旷课一天！记入学期档案。"另一位老师说："你一贯遵守纪律，是不是家里有什么事来不及请假？"又一位老师在事先了解情况之后对学生说："听同学说你妈妈生了病，你妈妈好些了吗？"同样的情况，问法不一样，效果也完全不同。第一位老师使学生感到委屈，第二位老师让学生感到内疚；第三位老师则让学生感动。这就是因为方式不同效果也就不一样。

满含期待的批评，往往取得奇效。

李老师曾经教过这样一名学生：他经常不写作业，上课在座位上说话，下课常欺负人，对老师的批评一副不以为然的样子，还常与老师"讲理"，在班上造成了不良影响。这样的学生如果靠训斥只能越训越皮，越训越没有自尊。为了转化他，李老师首先从沟通师生情感入手，他犯错误时，总是心平气和地与他谈话，帮他分析危害。他看到李老师对他不讨厌、不嫌弃，而是对他很平等、很真诚，对李老师也就慢慢亲近了。就这样，李老师用情感的缰绳套住了这匹不驯服的"小马"。在日常生活中，李老师慢慢诱导他走上道德规范的正轨，在学习、生活等多方面关心他，给他为集体做事的机会，使他把老师的关心变为自己的道德情感。现在这匹"小马"懂事多了，做事能顾及他人的感受，做到心中有他人了。

松下幸之助说：说一大堆大道理，还不如讲一句肺腑之言。批评的效果在一定程度上受人的感情制约，只有情深才能意切，出言才能为人接受，批评才能让人心服口服。过去说"有理走遍

天下",但是批评仅仅有理,未必能"走遍天下",有时需要先通情,然后才能达理。这就要求领导者在批评时,要用一分教育之水加上九分情感之蜜,酿成批评艺术的甘露,这样才能取得事半功倍的效果。

某企业一个屡教不改的职工陈某,曾三次因赌博被抓被罚但仍执迷不悟。第四次正与别人赌博时又被抓到了。在把他从派出所接回单位后,保卫科长老黄与他进行了一次严肃的谈话,告诉了他一件令人心酸的事情。老黄说:"你这次被抓,派出所了解到你曾赢了别人一台黑白电视机，决定没收。当我们到你家时，你的妻子和儿子正在看电视，你那五岁的儿子泪眼汪汪地央求我们，说：'警察叔叔，别把电视拿走……'我心里很不忍，只好摸着孩子的头说：'叔叔给你搬去修理一下，就更好看了。'临出门时，你的孩子又追了出来，说：'警察叔叔，星期六能修好吗？我想看动画片。'我当时听了，心里难过极了。正好我家刚买了一台彩电，我就把那台闲置的黑白电视机搬去给孩子看了。人心都是肉长的，你也是身为人父，应该有爱子之心，不能让赌博恶习麻木了自己的良知，要多为自己的孩子想想，千万不能再做让孩子都心碎的事情了呀！"陈某听完这些话，伏下身子失声痛哭起来。后来，他痛下决心，改造自己，成了企业的模范职工、革新能手。

总而言之，批评人时做到以情感人，使对方了解自己用心良苦，从而使其乐意接受你对他的批评。

批评别人时，要单独对他说

"人活一张脸，树活一张皮"，即使是受批评的员工也需要面子，批评人要谨慎言行。

俗话说："表扬在人前，批评要私下。"曾国藩也曾言：扬善于公庭，规过于私室。一般而言，在有第三者的情况下，即使是最温和的批评也会触怒对方，不论你的批评正确与否，他都会觉得你的批评让他在别人面前丢了面子。

尽可能不要当众批评规劝别人。当众批评规劝别人,尤其是以那些有地位、有身份的人士为批评对象的话,难免会让其自尊心备受伤害。当着部下的面训斥一名部门经理,当着孩子的面批评他的父亲,都会让后者长时间地"抬不起头来",或许还会因此而对批评者心存怨恨。

被批评可不是什么光彩的事。没有人希望在自己受到批评的时候召开一个"新闻发布会"。所以,为了被批评者的"面子",在批评的时候,要尽可能地避免第三者在场。不要把门大开着,不要高声地叫嚷似乎要全世界的人都知道。在这种时候,你的语气越"温柔"越容易让人接受。下面这个销售经理的见闻,希望你能从中得到一点启示。

有一次去一个同行吴老板的公司,正赶上他在销售部办公室里训斥员工,被他训斥的是公司销售部马经理,我也认识,算是他们公司的元老了。吴老板火气很大,声音高亢,表情丰富,被训斥的马经理一脸沮丧,低头不语,销售部其他员工噤若寒蝉,鸦雀无声。平时我每次去吴老板的公司,都很难与他聊上两句,因为他非常忙,电话一个接一个,等他签字的人经常在他桌子前排成一行。其实他的公司并不是很大,只有二十几个人,但七八个业务员却与老板形成鲜明对比,业务员经常百无聊赖地坐在桌前对着电脑发呆。我曾经问他们公司业务员,为什么有的销售单子自己不做,非要推到老板那儿,业务员说:公司的事能不做主我们尽量不做主,我们老板可厉害了,万一做错事会被他骂死的。平常也经常耳闻,他们公司新去的业务员因为忍受不了吴老板的脾气而辞职不干了。其实吴老板人不错,他们公司待遇也不错,工资在我们这行里算高了。

现在公司新招的员工基本是"80后""90后",大部分在家是独生子女,从小受宠,自尊心强,到单位也受不了一点委屈,因此对员工的管理方法也应与十年前不一样,应随着员工的改变而改变。对待员工,比较好的方法是私下批评,公开表扬。员工有缺点,如果当众批评指责他,因为面子问题,员工逆反心理强,不仅心里不接受,而且容易口头上反驳,顶撞上级,这就把上级置于一个非常尴尬的境地,是大人不计小人过、不予计较还是放下身段与员工争吵?无论怎样,都达不到预期的效果。如果将批评放在私下进行,照顾了员工面子,员工一般就能心平气和地考虑问题,也能充分地与上级交换意见并接受批评,效果比较好。

有这样一个故事:

一位女教师去新接的一个班里上语文课,发

现一个男孩没有带书。男孩说他忘了带。同学们笑起来说:"老师,他有健忘症!""老师,他一贯这样。"她笑笑,没有再说话。

第二天,她照样到班里来上课,发现那个男孩的课桌上依然空空如也。她没有发作,平静地宣布"上课"。要上课了,她却发现眼镜没有带。她不好意思地说:"同学们,真抱歉呀,我忘了带眼镜了。我眼花,离了眼镜什么也看不清。"她走到那个没有带书的男孩面前,说:"请你帮我去办公室拿下眼镜好吗?"那个男孩受宠若惊,很快地完成了这个"光荣"的任务。

没多久,女教师接过眼镜,真诚地向男孩致了谢,然后说:"一个人如果经常马马虎虎、丢三落四,多么耽误事啊!从今天开始,我和你们大家相约,我们一起来消灭马虎,你们说好不好?"只见那个忘了带书的男孩第一个站起来,大声响应老师的号召……

高明的教育往往是不留痕迹的,让人在不知不觉中欣然接受,其效果却超出预期。而暗示正是达成这无痕效果的最佳教育方法,人们不禁感叹那位女教师的教育艺术。

"无声批评保面子。"同事间用网络聊天的现象并不少见,尤其在白领集中的写字楼里比较普遍。有的上司还在QQ上,将所有下属都加为好友,想对某人提出批评时,不必再将员工叫到一边说"悄悄话",而是在网上完成"无声批评",这样既达到了教育员工的目的,又不让员工当众失"面子"。

批评是让人改正错误的方式,但是批评也要讲究艺术。恰当的批评会对对方敲响警钟，使其改正错误；反之，则会适得其反，弄巧成拙。在工作中，员工避免不了会犯错误，因此领导要想纠正错误、批评员工一定要注意场合，最好是在没有第三者在场的情况下进行，否则，再温和的批评也有可能会刺激被批评人的自尊心，因为他会觉得在同事面前丢了面子。他或许以为你是有意让他出丑，或许认为你这个人不讲情面、不讲方法、没有涵养，甚至在心里责怨你动机不良。因为批评人不注意场合，带来这么多的副作用，被批评者心生怨恨，批评人、改变人的目的就很难达到。

如果万一必须在现场当众批评人，其态度措辞要特别谨慎。以不伤他人的自尊为前提，否则很难达到批评人、改变人的目的。

除非绝对必要，不要在会议上、写字间内当众批评他人。如果有条件，可找对方单独交谈，而不在他人面前交谈，哪怕就是规劝批评的话说得重一些，也易于为对方所接受。还须说明的是，在外人面前规劝同事、批评下属，有时会有"借题发挥""指桑骂槐"之嫌。

点到为止，促其自省

点到为止，给对方留有余地，可能有十分收获；毫不留情，骂得体无完肤，则一分收获也没有。

在这个世界上，没有人不会犯错误。在错误面前，你可能忍不住要大发雷霆。狂风暴雨过后，你可能会沮丧地发现，你的"善意"并没有被对方接受，甚至换来的结果可能让你追悔莫及。批评对谁来说，都不是一件让人愉快的事。但是如果你能够适当掌握批评的技巧和方法的话，相信你们的交流能更容易些。

如果我们在批评别人时不注意方法，狠狠地将对方批得体无完肤，那么，对方很可能就会"明知道自己错了，可就是不改正"。

比如，某公司的一位员工经常迟到，上司如果当面对他讲："你到底还要迟到多少次？公司并不只有你一个人，想什么时候来就什么时候来，你这种行为根本无视公司的规定，你该好好反省反省了！"

与其这样说，倒不如抓住对方的"良心"点到为止："我想你肯定也知道迟到是不对的，如果你能坚持这样正确的看法，相信很快你就能发现员工准时上班的乐趣。"这样的说法，相信员工更愿意接受。

实际上，如果对方犯的不是原则性错误，或不是正在犯错误的现场，我们就没必要"真枪实弹"地批评。我们或者不指名道姓，用温和的语言，只点明问题；或者用某些事物对比、影射，"点"到为止，从而起到一定的警示作用即可。

俗话说，批评的话最好不超过三四句。会做工作的人，在对人批评教育时，总是三言两语见好就收，不忘给对方留下一定的余地；然而有些人就总是不肯善罢甘休，非要将对方批评得体无完肤不可，结果是过犹不及，往往将事情推到了反面。

一般来说，批评要适可而止，没有必要非置对方于死地。因为我们批评人的目的是为了救人，为了帮助人。一个人犯了错误，我们对这个错误提醒一下就行了，再翻来覆去地批评就没有必要了。将过去的错误多次批评，总是纠缠不休，不仅于事无补，而且也显得有些愚蠢。

通常情况下，在批评他人时要做到点到为止，需要遵循以下原则。

1. 态度应温和

常言道："忠言逆耳，良药苦口。"对于被批评者而言，即使你的批评再中肯，无疑也会致使其自尊心大大受挫。尤其是一些领导在批评时不讲究方式方法，往往导致被批评者反感甚至无名火起，不仅对工作没有帮助，反而影响了工作。因此，在批评他人时，首先应该态度温和，尽量在不伤害对方自尊心的前提下做出适当的批评。否则，只会让对方难以接受，得不偿失。

2. 方式宜间接

在批评他人时，如果不是万不得已，最好不要采用直接批评的方式。尤其是对于一些脸皮薄的人，批评时最好选择拐弯抹角的方式，使其易于接受。

第五章 谈判中的「主持」是受益者

——掌握对话主动权的心理博弈

谈判需要和谐的氛围

和谐的谈判气氛是建立在互相尊重、互相信任、互相谅解的基础上的,该争取的一定要争取,该让步时也要让步,只有这样,才能赢得对方的理解、尊重和信任。如果对方是见利忘义之徒,毫无谈判诚意,只想趁机钻空子,那么,就必须揭露其诡计,并在必要时坚决退出谈判。

任何谈判都是在一定的氛围中进行的,谈判氛围的形成与变化将直接影响到整个谈判的结局。特别是开局阶段,有什么样的谈判氛围,就会产生什么样的谈判结果,所以无论是竞争性较强的谈判,还是合作性较强的谈判,成功的谈判者都很重视在谈判的开局阶段营造一个有利于自己的谈判氛围。

谈判是双方互动的活动,在尚未营造出理想的谈判氛围之前,不能只考虑自己的需要,更不可不讲效果地提出要求。

在谈判中,谈判者的言行与谈判的空间、时间和地点等都是形成谈判氛围的因素。但形成谈判氛围的关键因素是谈判者的主观态度。谈判者要积极主动地与对方进行情绪上、思想上的沟通,而不能消极地取决于对方的态度。应把一些消极因素努力转化为积极因素，使谈判氛围向友好、和谐、富有创造性的方向发展。

议程制定好之后，就要准备开始谈判了。为了使谈判更顺畅，还要营造一个非常好的谈判氛围。营造良好的谈判氛围需要提前做如下准备。

1. 准备谈判所需的各种设备和辅助工具

如果在主场谈判更易做好，但如果到第三方地点去谈，就要把设备和辅助工具带上，或者第三方的地点有相应的设备和辅助工具；如果是在客场谈判同样也需要数据的展示、图表的展示，所以要把相应的设备、辅助的工具准备好。临阵磨枪会让人觉得你不够专业。

2. 确定谈判地点——主场/客场

谈判时，到底是客场好还是主场好，根据不同的内容和不同的谈判对手可以有不同的选择。如果是主场，可以比较容易地利用策略性的暂停，当谈判陷入僵局或有矛盾冲突时，作为主场可以暂停谈判，再向专家或领导讨教。

3. 留意细节——时间/休息/温度/点心

调查表明，一般人上午 11 点的精力是最旺盛的。如果自己精力最旺盛的时间是下午 2 点，而对方下午 2 点钟容易困，我们就可能把时间选择在下午 2 点开始。一般谈判不要放在周五，周五很多人已经心浮气躁，没有心思静下心来谈，谈判进程很难控制，结果可能就不是双赢。

同时谈判现场的温度调节也需要考虑。从一般的谈判经验来讲，谈判现场的温度要尽量调低一点，温度太高会使人容易急躁，容易发生争吵、争执，温度调得低一点效果会更好。

谈判现场是否安排点心、是否有休息，这都是营造一个好或坏的谈判氛围必须考虑的。可以迟一点供应点心或者吃午餐、晚餐，让大家有饥肠辘辘的感觉，会有利于推进整个谈判的进程。

4. 谈判座位的安排

谈判座位的安排有一定的讲究。一般首席代表坐在中间，最好坐在会议室中能够统领全局的位置，比如椭圆桌比较尖端的地方。"白脸"则坐在他旁边，给人一个好的感觉。"红脸"一般坐在离谈判团队比较远的地方，"强硬派"和"清道夫"是一对搭档，应该坐在一起。最好把自己的"强硬派"放到对方的首席代表旁边，干扰和影响首席代表，当然自己的"红脸"一定不要坐在对方"红脸"的旁边，这样双方容易发生冲突。通过座位的科学安排，也可以营造良好的谈判氛围。

谈判人员中一般有首席代表、"白脸"、"红脸"、"清道夫"和强硬派 5 种角色，他们在谈判中发挥着不同的作用；一人可以扮演一个或多个角色，但不管怎样，这些角色都是缺一不可的。在谈判中还要设定自己的底线，并在谈判中把自己的底线告诉对方，底线是不能随便更改的，在谈判中一定要坚持这一原则。在谈判之前还要拟定一个谈判原则，避免仓促上阵，做到有备而来、有备无患。为了谈判的顺利进行，还应在谈判中营造一个良好的谈判氛围，尽量使双方满意。

在一次谈判中，谈判对方的首席代表是一个非常精益求精、对于数字很敏感、做事情非常认真、要求非常高的人。针对谈判对手的这一特点，主场方在安排座位的时候，故意把对方的首席代表有可能坐的位子固定下来，然后在他对面的墙上挂张画，并且把画挂得稍微倾斜。当这位首席代表坐到该位置上时，他面对的是一张挂歪了的画，而他本人是一个追求完美的人，他的第一个冲动是站起来把那张画扶正。但是因为他们不是主场，不可能非常不礼貌地去扶正，这致使他在谈判中受到了很大的影响，他变得焦虑、烦躁，最后整个谈判被主场方所控制。所以，有时可以利用主场优势来达到谈判的某些目的。

当然，客场也有相应的好处，客场就是自己带着东西到对方那儿去谈。作为主方容易满足对方的要求，当自己作为客方的时候，也可以提出一些要求，如可以把谈判议程要过来。当然因为客场是不熟悉的环境，会给谈判者带来这样或者那样的不安，因此要做好充分的思想准备。还有一种情况是既不是主场也不是客场，即在第三方进行谈判，这时我们必须携带好相关的工具、设备和有关资料，因为大家对环境都不熟悉，相对比较公平。

营造良好的谈判氛围要注意以下几个问题。

1. 利用非正式接触调整与对方的关系

在开局阶段，由于谈判即将进行，即便是以前彼此熟悉，双方也都会感到有点紧张，初次认识的更是如此，因而需要一段沉默的时间。如果洽谈准备持续几天，最好在开始谈生意前的某个晚上一起吃一顿饭，影响对方人员对谈判的态度，以调整与对方的关系，有助于在正式谈判时建立良好的谈判气氛。

2. 心平气和，坦诚相见

以开诚布公、友好的态度出现在对方面前。谈判之前，双方无论是否有成见，身份、地位、观点、要求有何不同，既然要谈判，就意味着双方共同选择了磋商与合作的方式解决问题。切勿在谈判之初就怀着对抗的心理，说话表现出轻狂傲慢、自以为是等。那样，会引起对方的反感、厌恶，影响谈判工作的顺利进行。

商务谈判是一种建设性的谈判，这种谈判需要双方都具有诚意。具有诚意，是谈判双方合作的基础，也是影响并打动对手心理的策略武器。有了诚意，双方的谈判才有坚实的基础，才能真心实意地理解和谅解对方，并取得对方的信赖，才能求大同存小异，取得和解和让步，促成合作。

3. 不要在一开始就涉及有分歧的议题，运用中性话题，加强沟通

谈判刚开始，良好的氛围尚未形成，最好先谈一些友好的或轻松的话题。如气候、体育、艺术等进行交流。缓和气氛，缩短双方在心理上的距离；对比较熟悉的谈判人员，还可以谈谈以前合作的经历，打听一下熟悉的人员等。这样的开场白可以使双方找到共同的话题，为更好地沟通做好准备。

语言中最好不要有"被动形式"

在语言中，最好不要有"被动形式"，如"被……""让……"，因为这样会给对方留下消极、被动的印象。

在商务谈判中怎样提问、如何答复，对谈判者来说是至关重要的。掌握了谈判中提问与答复的语言技巧，也就抓住了谈判的主动权。

曾有一家大公司要在某地建立一个分支机构，找到当地某一电力公司要求以低价优惠供应电力，但对方态度很坚决，自恃是当地唯一一家电力公司，态度很强硬，谈判陷入了僵局。这家大公司的主谈私下了解到了电力公司对这次谈判非常重视，一旦双方签订合同，便会使这家电力公司起死回生，逃脱破产的厄运，这说明这次谈判的成败对他们来说关系重大。这家大公司主谈便

充分利用了这一信息，在谈判桌上也表现出决不让步的姿态，声称："既然贵方无意与我方达成一致，我看这次谈判是没有多大希望了。与其花那么多钱，倒不如自己建个电厂划得来。过后，我会把这个想法报告给董事会的。"说完，便离席不谈了。电力公司谈判人员叫苦不迭，立刻改变了态度，主动表示愿意给予最优惠的价格。至此，双方达成了协议。

在这场谈判中，起初主动权掌握在电力公司一方。但这家大公司主谈抓住了对方急于谈成的心理，运用语言掌握了谈判的主动权，声称自己建电厂，也就是要退出谈判，给电力公司施加压力。因为电力公司若失去给这家公司供电机会，不仅仅是损失一大笔钱的问题，而且可能还要面临破产的威胁，所以，电力公司急忙改变态度，表示愿意以最优惠的价格供电，从而使主动权掌握在大公司一方了。这样通过谈判语言技巧的运用，突破了僵局，取得了成功。

语言的针对性要强，要做到有的放矢。针对不同的商品、谈判内容、谈判场合、谈判对手，要有针对性地使用语言。比如谈判对象由于性别、年龄、文化程度、职业、性格、兴趣等的不同，接受语言的能力和习惯性使用的谈话方式也不同。

在商务谈判中忌讳语言松散或像拉家常一样的语言方式，要尽可能让自己的语言变得简练，否则，你的关键词语很可能会被淹没在拖拉繁长、毫无意义的语言中。一颗珍珠放在地上，我们可以轻易地发现它，但是如果倒一袋碎石子在上面，再找珍珠就

会很费劲。同
样的道理,我们
人类接收外来声音
或视觉信息的特点
是一开始专注,注
意力随着接收信息
的增加会越来越分散,
如果是一些无关紧要的信
息,更容易被忽略。因此,
谈判时语言要做到简练、针
对性强,争取让对方大脑处
在最佳接收信息状态时表述清楚
自己的信息。如果要表达的内容
很多,比如合同书、计划书等,那么适合在讲述或者诵读时语气
进行高、低、轻、重的变化,比如重要的地方提高声音、放慢速
度,也可以穿插一些问句,引起对方的主动思考,增加注意力。
在重要的谈判前应该进行一下模拟演练,训练语言的表述、突发
问题的应对等。在谈判中切忌模糊、啰唆的语言,这样不仅无法
有效表达自己的意图,更可能使对方产生疑惑、反感情绪。要分
清楚沉稳与拖沓的区别,前者是语言表述虽然缓慢,但字字经过
推敲,没有废话,而这样的语速也有利于对方理解与消化信息内
容,在谈判时最好采用这种表达方式。

通过"问题攻势"占据上风

一般来说，向对方有技巧地问问题，也是一种攻势。

一位年轻人到某银行的一个实力雄厚的分行任行长，他确实非常年轻，一点都不威严。银行中经验丰富的老职员们都发牢骚说："难道就让这小子来指挥我们？"

但是，分行行长一到任，就立刻把老职员们一个个找来，连珠炮般问起了问题。

"你一周去Ａ食品公司访问几次？每个月平均能去几次？"

"制药公司的职员是我们的老客户，他们在我们银行开户的百分比是多少？"

……

就这样，这位年轻的分行行长问倒了所有的老职员，也在新单位中树立起了领导威信。

如果你想在和对方的谈话中占上风，就应该提前准备很多估计对方根本回答不上来的问题，连续向他发问。对方回答不了这些问题，你就占了上风。

有的研究者认为这种连珠炮似的发问就像蜜蜂振动翅膀发出的令人烦躁的声音，把它叫作"蜂音技巧"，这是一种用令人心烦的聒噪声来驳倒对方的战术。人们对于涉及详细数字的问题，都不可能立刻回答出来，所以这个战术十分有效。假如对方一下子就回答出来,那就继续追问"除此之外,你还能举出什么例子吗"等问题,直到对方哑口无言。到最后,对方一定会回答不出来的。

故意问对方你知道的事情,也许会被认为是不怀好意。但是,问题攻势的目的是使对方丧失气势,所以你要尽量使用这个办法。

如果商业谈判的对手阅历比你丰富,学历比你高,你可能会觉得非常没有自信。在这种己不如人的情况下,就要使用"蜂音技巧"。当你看到对方面露难色的时候,你肯定能逐渐平静下来,恢复自信。

既然通过"蜂音技巧"展开问题攻势的目的是驳倒对方,那么一定要切记,你所提出的问题要抽象、模糊,尽量找对方不好回答的问题。

谈判是一件很严肃的事情,双方在谈判桌上,既不能有戏言,说过的话又不能随便反悔。因此要谨慎发表意见,而提问的应用技巧则显得尤为重要。谈判中提问的技巧有下面几点。

(1)作为提问者,首先应该明白自己想问的是什么,如果你想要对方明确的回答,那么提出的问题也必须要明确具体。一般情况下,一次提问只提一个问题。

(2)注意问话的方式:问话方式不同,对方的反应也会不同。比较两句问话:

"赵总,您提出的附加条件这么高,我们能接受吗?"

"赵总,这些附加条件远远超出了我的估计,我们一般只是运到车站，不送仓库，有商量的余地吗？"

第一句问话容易给对方造成压力，第二句问话有利于问题的解决。

（3）掌握问话的时机：在谈判中，合理掌握问话时机非常重要，不要打断对方的思路，应选择对方最适宜答复时发问。

"赵总，您只购4套设备，我还是按照交易的次数给您算运费，这已经是我们的底线了，您现在还有什么顾虑呢？"

（4）考虑问话的对象：谈判要看对象，对于性格不同的人，提问方式也应该不同。如对方性格急躁，提问就不要拖泥带水；如对方性格严肃，提问就要认真；如对方幽默风趣，提问不妨活泼一点。

避而不答，转换话题

对方采取"蜂音技巧"时，采取什么对策比较合适呢？这时候就需要我们"不走寻常路"，巧妙地变换一下原有的套路，绕过话题的死角，做一个八面玲珑的谈判者。

一个头脑呆板僵硬的谈判者，很可能将一次成功的谈判引入死胡同，而一个既讲原则又会变通的优秀谈判者，却可能把一个已经进入死胡同的谈判拯救出来，使谈判产生"柳暗花明又一村"的新景象。

在谈判中，你可能会遇到这种场面：对手从一开始就先发制人，不接纳你的任何言辞，用"你赶快回答我"等言语，逼迫你回答某些不好回答的问题。

在这种情况下应当怎么办呢？可以绕开对方提出的问题，给予及时的回答，回答时应尽量转移对方的话题。此时，你可以这样说："我不知道我这样的回答能否算回答您的问题。"而后，你可以把对方质问范围边缘的不太重要的事说出，避开正面冲突，转移话题。并且做出十分诚恳的样子，使对方能够顺着你的话题，把谈判继续进行下去。

在对方提出己方最难以接受的问题时，应尽力把对方的注意力由敏感问题转移到己方可以接受且对方认为同样重要的问题上去。你可以向对方说："你说的问题很重要，但是还有一个问题更重要，我想您一定也这么认为。"然后把要说的问题向他说明，使其认为该问题具有同样的或更高的重要性。

松下幸之助是个极具智慧的商人。在他的领导下，松下公司日渐强大，成为世界上著名的电器生产企业。一次，松下幸之助去欧洲与当地一家公司谈判。由于对方是当地一个非常有名的企业，不免有些傲慢。双方为了维护各自的利益，谁都不肯做出让步。以至谈到激烈处，双方大声争吵，甚至拍案跺脚，气氛异常紧张，尤其是对方，更是丝毫也不客气。松下幸之助无奈，只好提出暂时中止谈判，等午餐后再进行协商。

经过一中午的修正，松下幸之助仔细思考了上午双方的对决，认为这样硬碰硬地与对方干，自己并不一定能得到好处，相反可能谈不成这笔买卖。于是考虑换一种谈判方式。而对方仗着自己具有"天时、地利、人和"的优势，丝毫不愿做出让步，打定主意要狠狠地杀一下松下幸之助的威风。

谈判重新开始，松下首先发言，而对方个个表情严肃，一副志在必得的样子。松下并没有谈买卖上的事，而是说起了科学与人类的关系。

他说："刚才我利用中午休息的时间，去了一趟科技馆，在那里我深受感动。人类的钻研精神真是值得赞叹。目前人类已经有了许多了不起的科研成果。据说'阿波罗11号'火箭又要飞向月球了。人类的智慧和科学事业能够发展到这样的水平，这实在应该归功于伟大的人类。"对方以为松下是在闲聊天，偏离了谈判的主题，也就慢慢地缓和了紧张的面部表情。松下继续说："然而，人与人之间的关系并没有如科学事业那样取得长足的进

步，人们之间总是怀着一种不信任感。他们在相互憎恨、吵架，在世界各地，类似战争和暴乱那样的恶性事件频繁地发生在大街上。人群熙来攘往，看起来似乎是一片和平景象。其实，人们的内心深处相互进行着丑恶的争斗。"他稍微停了一会儿，而对方越来越多的人被他的话吸引，开始集中精神听他谈话。接着，他说："那么，人与人之间的关系为什么不能发展得更文明一些、更进步一些呢？我认为人们之间应该具有一种信任感，不应一味地指责对方的缺点和过失，而是应持一种相互谅解的态度，携起手来，为人类的共同事业而携手奋斗。科学事业的飞速发展与人们精神文明的落后，很可能导致更大的不幸事件。人们也许会用自己制造的原子弹相互残杀。"

此时，人们的注意力已经完全被松下所吸引，会场一片沉默，人们都陷入了深深的思索之中。随后，松下逐渐将话题转入到谈判的主题上，谈判气氛与上午完全不同，谈判双方成了为人类共同事业而合作的亲密伙伴。欧洲的这家公司接受了松下公司的条件，双方很快就达成了协议。可以说，在关键时刻松下谈判言语方向的转移为谈判铺垫了走向成功的道路。

通过"表情和姿势"控制对话

人们常把对话比作接投球练习。在接投球练习中，如果投球速度太快，对方就接不到球；如果总是一个人拿着球，接投球练习压根儿就不能成立。与此相同,在对话中能不能顺利地交替发言是非常重要的。

"语言调整动作",是指一系列的动作,其作用就是调整对话,所以我们要有意识地训练一些语言调整动作,巧妙运用到位就能让说话的对象加快语速、放慢语速、持续发言或结束发言。

下面是几种语言调整动作,建议大家适当运用。

1. 想让对方加快语速,只叙述要点时

有时候对方慢条斯理地开始讲话,而你根本没有时间一一去听,这种情况下,可以做出快速点头的动作,这个动作会向对方传达快点结束讲话和希望对方只讲要点的信号。反之,如果你做出慢慢点头的动作,就是向对方传达"你的话很有意思,请继续说下去"的信号。

2. 想让出发言权时(想让对方讲话时)

如果你意识到不应该只是自己一个人讲话,想要把发言权让给对方,就降低音量,减慢语速,拖长最后一个字,视线下垂等,这都是向对方发出交换发言权的信号。此外,你说完最后一句话,直视对方,这也是表示"好了,现在该您讲了"的意思。如果这样对方还没有讲话,你就可以轻轻拍一下对方的身体催促他讲话。

3. 对方发言过多,想让他停止时

对于讲起话来像机关枪一样的人,你可以试一下抬起食指这个动作,这个动作表示"我稍微打断一下,可以吗"的意思。这和我们在学生时代,想在课堂上发言时要举手示意是一样的。

4. 想表达"我不想再听下去"的意思时

几乎在任何场合，低头看表、唉声叹气都能让对方停止说话，但是这些动作会让对方心生不快。与此相比稍微委婉一点的方法是，一直把胳膊抱在胸前。如果这样对方还没有注意到而继续讲话，你就利用视线下垂、跷着腿晃来晃去的动作，表示"我觉得很没有意思"的信号。摸摸鼻子、摸摸耳朵这些动作也都表示"你能不能快点结束啊"的意思。

5. 你想继续讲下去时

当你想继续讲下去，而对方发出了"让出发言权"的信号时，你也可以无视他的意见。这时，你可以伸手将对方的胳膊轻轻按下去，也就是一边说着"嗯、嗯"，一边让想站起来的对方坐下去。这表示"我还没有说完，请稍等"。

如果你想让谈判和讨论向着有利于自己的方向发展时，应该轻轻触碰对方的胳膊，表示"现在还是我说话的时间"。但是，

如果多次重复这个动作,对方就会等得失去耐心。

当然,生活中的语言调整动作太多了。大家要不断地总结,有意识地去运用,全面提升自己的讲话能力和谈判技巧。

让对手感觉到你的"气势"

在谈判过程中,让对手感受到你强大的气势是十分重要的。

势,即势如破竹、势在必得、势不可当。通俗来讲,就是个人的气势,敢作敢为、敢作敢当、敢怒敢言的态度。

坚持自己的立场,不屈不挠。尤其是砍价的时候,一定得沉得住气,客户如果已经正儿八经地和你谈价格或者付款方式的时候,他基本上已经确定给你做了。这时候谁更冷静,谁就是胜出者,客户当然希望你的价格降得越多越好,而我们当然希望利润越多越好,将这两者的关系平衡得恰到好处,我们就是胜出者。所以,首先得在气势上压倒客户,肯定公司的产品或者服务就是值这个价。降一分都是对公司的不认可,对自己的能力打折扣。下面,我们通过一个新员工的眼睛,对经理谈判现场进行一番观察。

昨天和我们经理去谈判价格的时候,我充分领略到了他的魄力。首先在等客户的时候,他就这儿瞄瞄那儿瞄瞄,四处转悠,就像在自己家里一样,客户来了,他就和客户坐在同一排座位上,翘个二郎腿开始谈判。谈判过程中他手舞足蹈,声音比客户的还大。条理清楚，表述得当，善于察言观色，并且引导客户的思路与之同步！最终维持原价，签下合同，让人不可思议的是，客户居然还说："就这样确定了哦，你再不要变了哦，价格就是这样了，确定了哦！"客户居然认为以这样的价格签合同竟然是自己占了便宜。但事实上，利润高达100%！这就是一种气势、一种魄力，更是一种谈判的艺术。

掌握这一技巧，在更多的时候让我们掌握了谈判的主动权，就更加能够使我们旗开得胜，处处表现得小心翼翼、唯命是从，会适得其反，让人觉得你没有主见，不可信任。

在谈判中说绝对性的话表现自己的气势。即在谈判中，对己方的立场或对对方的方案以绝对性的语言表示肯定或否定的做法。该做法有点像"拼命三郎"，敢于豁出去，从而在气势上震慑对方。

具体表达方式有："不论贵方如何看待我的态度，我认为我们给出的条件是最公平的，不可能再优惠了。""我宁可不要该笔交易，也不会同意贵方意见。"有表达方式的绝对，有用词的绝对，诸如"不论""宁可""只要""决不""只有""已经"等。

但要注意说绝对性的话时相对的事——论题。有的不应绝对，就不要以绝对性的话说。此外，绝对具有双重作用：或真的无可选择，或仅做姿态施压。前者选择的话题准确，后者在坚持的时间合适。

《孙子兵法》中言道："激水之疾，至于漂石者，势也；鸷鸟之疾，至于毁折者，节也。是故善战者，其势险，其节短。势如彍弩，节如发机。纷纷纭纭，斗乱而不可乱也；浑浑沌沌，形圆而不可败也。乱生于治，怯生于勇，弱生于强。治乱，数也；勇怯，势也；强弱，形也。"这段话所讲述的是一个精明的指挥家应该利用地形、时机等一系列条件因素来鼓舞士气、振作军威。也就是商务谈判中所谓"造势"。这里的造势有两个概念：一是振奋自己的气势，二是形成打压对方的局势。在谈判中，一方面，我们要充分准备，加强同步的沟通和联系及彼此之间的鼓励来凝聚己方的力量和培养自己的自信心，在气势上压倒对方，力求在心理上占优势；另一方面也要借助一系列事物，如谈判的价格，交易时间和交易地点的确定能给对方施加压力，使他们陷于被动局面，最终使得整个谈判的局势向我方倾斜。

不让别人接近你，就能增强你的气势。当和对方一起入座时，可以把椅子向后拖一拖；谈判中，可以装着伸脚，自然地把椅子往后挪一点；也可以在中途休息后故意往后拉一点；并肩坐时，可以把包或上衣放在你和对方之间，设置屏障。

第六章 两败俱伤还是共分蛋糕
——竞争与对抗的心理博弈

竞争者其实同样忧伤

竞争，在很多时候因处理不好，导致"零和博弈"，甚至"负和博弈"，从而给一方甚至双方带来失败的苦涩。竞争者是忧伤的。

当你看到两位对弈者时，你就可以说他们正在玩"零和游戏"。因为在大多数情况下，总会有一个赢、一个输，如果我们把赢棋计算为得 1 分，而输棋为 –1 分，那么，这两人得分之和就是：1+（–1）= 0。这正是"零和游戏"的基本内容：游戏者有输有赢，一方所赢正是另一方所输，游戏的总成绩永远是零。

"零和游戏"原理之所以广受关注，主要是因为人们发现社会中与"零和游戏"类似的情况很多，胜利者的光荣后面往往隐藏着失败者的辛酸和苦涩。这种理论认为，世界是一个封闭的系统，财富、资源、机遇都是有限的，个别人、个别地区和个别国家财富的增加必然意味着对其他人、其他地区和其他国家的掠夺，这是一个"邪恶进化论"式的弱肉强食的世界。

"零和博弈"属于非合作博弈，是指博弈中甲方的收益必然是乙方的损失，即博弈双方得益之和为零。在"零和博弈"中博弈双方决策时都以自己的最大利益为目标，结果是既无法实现集体的最大利益，也无法实现个体的最大利益。除非在博弈双方中存在可行性的承诺或可执行的惩罚作保证，否则博弈双方难以合作。

诸如下棋、玩扑克牌在内的各种智力游戏都有一个共同特点，即参与游戏的双方之间存在着输赢。在游戏中，一方赢得的就恰好等于另一方输掉的。譬如，在国际象棋比赛中，一方吃掉对方的一个棋子，就意味着该方赢了一步而对方输掉一步。如果我们在象棋比赛中做出这样的规定：当一方吃掉对方的一个棋子时，对方应输给该方一分钱，并用"支付"一词表示双方各自输赢的情况，那么在比赛进行过程中及比赛结束时双方的"支付"相加总和等于零。所谓"零和博弈"的概念就是由此而来的。

有两个人合伙做生意，一个出资金，另一个疏通关系。在两人共同努力下，他们的生意很红火。但是，渐渐地，那个有关

系的人便起了歹心，想独吞生意。于是，他便向出资者提出还了那些资金，这份生意算他一个人的。出资人当然不愿意，因此双方僵持了很长时间，矛盾越来越尖锐，最后对簿公堂。那个有关系的人在两人开始做生意时，便已经给对方下了套，在登记注册时，只注册了他一个人的名字。虽然出资人是原告，却因对方早就下好了套而输了官司。结果，他眼睁睁让对方独吞了生意而没有办法。这便是一种典型的"零和博弈"。

从博弈双方来看，有关系的人是占了便宜，他的所得正是出资人的所失。这对那个有关系的人来说，是一时得利，但他这样的行为，从更深一层意义上看，所失也不一定比所得小。这个独吞别人利益的人，会让更多的人不愿意也不敢和他交往，最终也会失去生意。可见，交际中如果用欺诈行为侵占别人的利益，可能会因此而失去更多。试想一下，有谁愿意和一个一心只想着独吞好处的人交往呢？

现在再来说说"负和博弈"。"负和博弈"是指竞争者的竞争总体结果所得小于所失，其结果的总和为负数，是两败俱伤，双方都有不同程度的损失。

比如在生活中，兄弟姐妹之间相互争东西，其结果就很容易形成这种两败俱伤的"负和博弈"。一对双胞胎姐妹，妈妈给她俩买了两个玩具，一个是金发碧眼、穿着民族服装的娃娃，另一个是会自动跑的玩具越野车。看到那个娃娃，姐妹俩同时都喜欢上了，而都讨厌那个玩具越野车，她们一致认为，越野车这类玩具是男孩子玩的，所以，她们两个人都想独自占有那个可爱的娃娃，于是矛盾便出现了，姐姐想要这个娃娃，妹妹偏不让；妹妹也想独占，姐姐偏不同意，于是，干脆把玩具扔掉，谁都别想要。

可以说像这种情况，在我们的生活中是经常出现的。在相处过程中，由于交往双方为了各自的利益或占有欲，而不能达成相互间的统一，产生冲突和矛盾，结果是交往的双方都从中受到损失。这样造成的后果是：其中一方的心理不能得到满足，另一方的感情也有疙瘩。可以说，对双方而言都受到损失；双方的愿望都没有实现，剩下的也只能是双方关系的不和或"冷战"，从而对双方的感情造成不良的影响。

"正和博弈"："双赢"才是皆大欢喜

"正和博弈"蕴藏着双赢的智慧，"双赢"才是皆大欢喜。

"正和博弈"亦称"合作博弈"，就是参加博弈的双方的损失和收益加起来是正数。"正和博弈"研究人们达成合作时如何分配合作得到的收益，即收益分配问题。"正和博弈"的参与的前提是双方大多采取一种合作的方式，或者说是一种妥协。妥协之所以能够增进双方的利益及整个社会的利益，就是因为"正和博弈"能够产生一种合作剩余。至于合作剩余在博弈双方之间如何分配，取决于博弈双方的力量对比和技巧运用。

当前，无论是在工作还是学习中，"博弈"已成为人们使用的高频词。但大多数人对于"博弈"的理解与使用仍然局限于竞争环境中，甚至直接将其作为竞争的同义词。事实上，在现代的商业环境中，对于竞争的过分强调会使人误入歧途，如果一个企业家始终固守"商场如战场"的信念，他就有可能错失与其他企业合作双赢的良机。

按照系统论的说法，一个企业是一个开放耗散结构系统，与外部环境不断发生联系与交换。企业总是要在外部环境中，寻找供应商采购，寻找销售商销售，寻找合适人选招聘，以及与其他企业进行合作等，探取合作双赢的结果。在企业合作推出品牌的诸多案例中，最典型的莫过于英美烟草（香港）有限公司与芜湖卷烟厂的合作。

1990年4月，由安徽省烟草专卖局（公司）大力推荐，国家烟草专卖局（总公司）出面牵线搭桥，两个公司开始了合作历程。1991年，双方合作生产的"都宝"牌卷烟非常顺利地占领了首都市场，成为北京的畅销品牌，并远销内蒙古、河北等18个省、自治区和直辖市。

一般来说，两家企业达成合作协议，推出双方共同拥有的新品牌，就意味着在很大程度上合作双方开始相互依赖。没有任何一方可以在不牺牲自身利益的情况下回到原来独立经营的轨道上去。

我们不妨认为，英美烟草公司的技术水平要高于芜湖卷烟厂，而芜湖卷烟厂本土化的营销手段与网络则是英美烟草所缺乏的。因此，英美烟草公司与芜湖卷烟厂之间的合作主要是英美烟草公司提供技术，而芜湖卷烟厂开发市场。

设想英美烟草公司支持芜湖卷烟厂的技术开发分为低技术开发与高技术开发两种，技术开发成本分别为人民币9000万元与1.5亿元；芜湖卷烟厂上新生产线的投入也分为低投入与高投入两种，投入成本分别为人民币1.8亿元与3.0亿元。

不妨假定，合作双方都预期到"都宝"香烟的市场利润在一年内可以达到人民币3.9亿元。双方都以一年内收回成本为目标，但赚取多少钱并不在考虑之列，主要是试探性地进行这个项目。很显然，芜湖卷烟厂高投入上生产线，英美烟草公司采用高技术开发，此时的总成本达到4.5亿元，一年内这个合作项目的成本明显无法收回。

我们不妨假定合作双方采用两种策略的概率都是1/2，由此，双方总成本分别为3.3亿元、2.7亿元、4.5亿元和3.9亿元的概率都是1/4。那么，双方总成本的期望值为（3.3亿 + 2.7亿 + 4.5亿 + 3.9亿）× 1/4=3.6亿元，因此双方的预计利润为3.9亿 –3.6亿 =0.3亿元。

那么在英美烟草公司与芜湖卷烟厂进行合作协商的时候，就要考虑到项目启动成本是否高于0.3亿元。项目启动成本包括双方谈判成本、人员培训成本、沟通成本等。如果项目启动的初期投资超过3000万元，双方就没有合作的可能性，项目自然就被否决掉。

在企业的实际合作中，最大的困难并不是做出这样的预期，关键在于每个企业是否真实地提供自己所负担的投入成本。比如在这个例子中，英美烟草公司可以将其技术开发成本报为最高的1.5亿元，芜湖卷烟厂报为最高的3.0亿元。在这种情况下，很明显，合作双方的项目第一年的目标无法达到，更谈不上弥补先期的项目启动成本。自然，项目只会泡汤，双方无法达成合作。

看来让两个公司有效地合作一个项目，并不是一件简单的事情。我们不妨采取这样一种策略：假如芜湖卷烟厂决定将合作项目继续下去，它必须补偿英美烟草公司的成本，然后保有余下的利润。无论双方的成本总和是不是低于利润目标，芜湖卷烟厂都将决定继续下去，它的收入为总收入减去自身上新生产线的成本，再减去对英美烟草公司的补偿之后的剩余。

双方要同时宣布自己投入的成本，并且在总成本低于利润目标的前提下，项目才能进行下去。对于芜湖卷烟厂来说，补偿英美烟草公司成本的剩余利润必须高于它实际付出的成本，它才能继续这个项目。由此看来，芜湖卷烟厂最好的做法就是报出真实的投入成本。如果芜湖卷烟厂所报的是虚假数字，很有可能这个项目就无法进行，芜湖卷烟厂就失去了一个赚钱与技术更新的好机会。因此，芜湖卷烟厂报出真实成本是一个优势策略。同理，这种激励机制当然也可以用在英美烟草公司一方，报出真实成本自然也是英美烟草公司的一个优势策略。

然而，这种激励机制的局限在于，不管用在哪一方，都只能保证其中一方报出的是真实成本，无法约束另一方说真话。为了让双方都能够报出真实成本，设计合作协议就显得尤为重要。这份协议要能够激励两家公司都报出真实成本，还要有确保有效继续或取消项目的决策。能够让大家精诚团结的协议，就是要使公司将它们通过自身行动加在对方身上的成本考虑进去。比如在这个例子中，一旦公司夸大自己的成本，项目不得不取消，反而自己所获收益减少。

美国著名拳击手杰克每次比赛前都要做祈祷，朋友问道："你在祈祷自己打赢吗？""不。"杰克说道，"我只是祈求上帝让我们打得漂漂亮亮的，都发挥出自己的实力，最好谁都不要受伤。"杰克的话中渗透双赢的智慧。双赢在个人领域，指的就是用美德为竞争镶边着色，让折射的阳光照亮携手同行的路程，让竞争在微笑中放松心灵，在合作中共同进步，展现出一幅人与人关爱和睦、诚实守信的和谐的生动图景。

参与"零和"与"负和"的，没有赢家

"零和博弈"，一方利润的赢得以另一方的利润牺牲为代价，而赢的一方赢的只是短期利润，实际上输掉的是持续增长利润的能力，同时还背负了沉重的道德债；"负和博弈"则既损利益，又伤感情，纯粹是两败俱伤。

根据是否可以达成具有约束力的协议博弈分为合作博弈和非合作博弈。"零和博弈"和"负和博弈"都属于非合作博弈。"零和博弈"又称"零和游戏"，与非零和博弈相对，是博弈论的一个概念，指参与博弈的双方在严格的竞争下，一方的收益必然意味着另一方的损失，博弈双方的收益和损失相加总和永远为零。也可以说，一方的幸福是建立在另一方的痛苦之上的，二者的大小完全相等，因而双方都损人利己。"零和博弈"的结果是一方吃掉另一方，一方的所得正是另一方的所失，整个社会的利益并不会因此而增加一分。至于"负和博弈"，是指双方冲突和斗争的结果，所得小于所失，就是我们通常所说的其结果的总和为负数，也是一种两败俱伤的博弈，双方都有不同程度的损失。

在很久以前，北方有一位技艺高超的木匠，擅长用木头做各式人物。他所做的女郎，容貌艳丽，穿戴时尚，活动自如，还能

斟茶递酒，招呼客人，几乎与真人无异，非常神奇。唯一的不足之处就是不能说话。

当时，在南方有一位画师，画技非常了得，所画人物，栩栩如生。有一次，他来到北方。木匠久闻画家大名，意欲相聚一下。于是，他备好酒菜，请画师来家做客，又让自己所做的木女郎斟酒端菜，十分周到。女郎秀丽娇俏，画师看在眼里，不由心生爱恋，却故不作声。

在酒酣饭饱之后，天色已经很晚了，于是，木匠便打算回自己的卧室。临走时，他故意将女郎留下，并对画师说："留下女郎听你使唤，与你做伴吧。"画师听了，非常高兴。等木匠走后，画师见女郎伫立灯下，一脸娇羞，越发可人，便叫她过来，但是女郎不吭声。画师看她害羞，便上前用手拉她，这才发觉女郎是木头人，顿觉惭愧，念道："我真是个傻瓜，被这木匠愚弄了。"他越想越生气，就想办法报复，于是他在门口的墙上，画了一幅自己的像，穿着完全与自己一模一样，还画了一条绳系在颈上，像是上吊死去的样子；又画了一只苍蝇，叮在画中人的嘴上。画好像后，他便躲在床底下睡觉去了。

等到第二天早上，木匠见画师久久没有出来，却看见画师门户紧闭，叩门又没有人。于是，透过门窗缝隙向内望去，赫然看到画师上吊了。惊恐万分的木匠，马上撞开门，急忙用刀去割绳子，这才发现原来只是一幅画。木匠很是恼火，一气之下，打了画师。

可以说这是一个典型的人际博弈,或者更确切地说是一个典型的"负和博弈"。本应皆大欢喜的事情,结果却以两败俱伤的尴尬局面告终。我们不妨从头分析一下整个事件的原委:由于画师不知女郎是木头所做,见其秀丽,便心生爱恋,而如果此时木匠能告诉他事实,画师就不会去动女郎了;再说,即使木匠故意捉弄画师,如果画师在知道真相后,不去报复木匠,那么也不会发生后来的事。不管怎样,两人的做法都是不可取的,结果只能使他们因为两败俱伤而不再交往。

所以,参与"零和博弈"和"负和博弈"的人,没有赢家可言,而人们也在社会的不断发展中认识到了这一点。20世纪,人类在经历了两次世界大战、经济的高速增长、科技进步、全球化及日益严重的环境污染之后,"零和博弈"和"负和博弈"的观

念正逐渐被"双赢"观念所取代。人们开始认识到"利己"不一定要建立在"损人"的基础上，若是这样做对双方都没有益处，那就换一种思维，或许可以尝试着合作。通过有效合作，皆大欢喜的结局是可能出现的。要从"零和博弈"或者"负和博弈"走向"双赢"，要求双方要有真诚合作的精神和勇气，在合作中不要耍小聪明，不要总想占别人的便宜，要遵守游戏规则，否则"双赢"的局面就不可能出现，最终吃亏的还是自己。

为什么要从"红海"游到"蓝海"

红海是残酷的，更低的成本或更突出的差异化是红海的生存法则，即便这样，原本已经拥挤的红海中生存空间也是有限的。蓝海则有着更广阔的发展空间，甚至有大片等待被开辟的领域。选择从红海游到蓝海，是发展形势的需要和要求。

对于"红海"，人们都很熟悉了，比如平常所说的竞争战略，进行产业的分析、竞争分析、定位等，主要从差异化战略和低成本战略作权衡取舍。"蓝海战略"是2005年全球范围内管理界的一个关键词，出现在W.钱·金和勒妮·莫博涅教授合著的《蓝海战略》一书里。"蓝海""红海"是基于产业组织经济学的概念，"蓝海战略"的理论基石是新经济理论，也就是内生的增长理论。

"红海战略"主要是在已有的市场空间竞争，在这里，你或是比对手成本低，或是比他更加可以达到差异化，两个战略取其一。游戏规则是已经定好的，按照这个游戏规则，竞争者进行针锋相对的竞争，所要分析的就是竞争态势和已有产业的条件，这是"红海战略"需要研究的变量和因素。

"蓝海战略"不局限已有产业边界，而是要打破这样的边界条件，有时候"蓝海"是在全新的一片市场天地中开辟的。当然，"蓝海"可以在"红海"中开辟，比如星巴克咖啡。原来麦氏、雀巢这些厂商都是采取低成本，在价格上竞争。星巴克一出现就击倒所有对手，在原有"红海"中开辟了"蓝海"，几乎达到垄断地位的高度。

"蓝海战略"认为，聚焦于"红海"等于接受了商战的限制性因素，即在有限的土地上求胜，却否认了商业世界开创新市场的可能。运用"蓝海战略"，视线将超越竞争对手移向买方需求，跨越现有竞争边界，将不同市场的买方价值元素筛选并重新排序，从给定结构下的定位选择向改变市场结构本身转变。

"蓝海"以战略行动作为分析单位，战略行动包含开辟市场的主要业务项目所涉及的一整套管理动作和决定，在研究1880～2000年30多个产业150次战略行动的基础上，指出价值创新是"蓝海战略"的基石。价值创新挑战了基于竞争的传统教条即价值和成本的权衡取舍关系，让企业将创新与效用、价格与成本整合为一体，不是比照现有产业最佳实践去赶超对手，而是改变产业境况重新设定游戏规则；不是瞄准现有市场"高端"或

红海

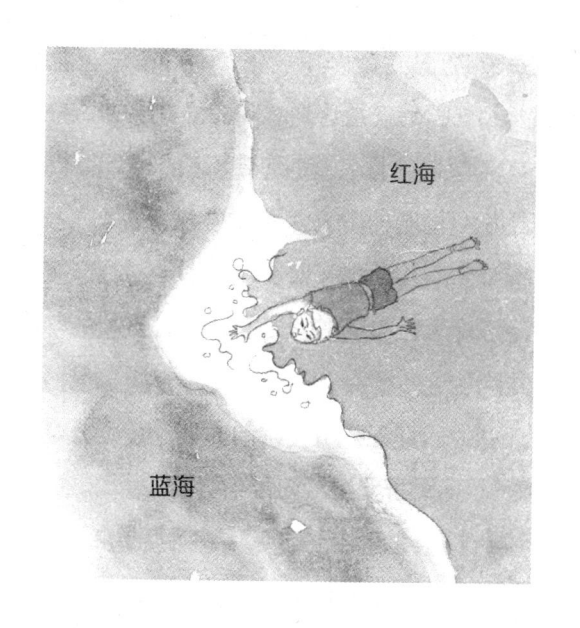

蓝海

"低端"顾客，而是面向潜在需求的买方大众；不是一味细分市场满足顾客偏好，而是合并细分市场、整合需求。

一个典型的"蓝海战略"的例子是太阳马戏团，在传统马戏团受制于"动物保护"、"马戏明星供方砍价"和"家庭娱乐竞争买方砍价"而萎缩的马戏业中，太阳马戏团从传统马戏的儿童观众转向成年人和商界人士，以马戏的形式来表达戏剧的情节，吸引人们以高于传统马戏数倍的门票来享受这项前所未见的娱乐。

"蓝海战略"在获利性增长上的结果与"红海战略"的不同可做以下分析。

对于业务投入的结果，在新推出的业务当中，86%是投入

"红海"业务，14%是"蓝海"业务，而"蓝海"业务最后在利润上的影响占61%，也就是达到总利润的61%，这些结果是通过随机抽样，然后运用统计的方法计算出来的。

这个结果显示，既然财富都集中在"蓝海"，为什么这么多人挤在"红海"里，主要推出业务还都是"红海"呢？

在世界经济论坛，或者财富年会，或者微软的峰会，所有企业的老总一致说创建"蓝海"非常重要，但是等他们回去要投入项目的时候，要他们真正开出支票的时候，还是裹足不前，仍然继续在"红海"。这也是莫博涅教授不解的一点。

为什么86%的企业还在"红海"中呢？原来，在"红海"中开创业务，已经有了很多分析工具和框架理论，只要分析产业的现状结构，比照一下竞争对手，在价格、质量、内容上相比照就可以了，知道我们的竞争对手的优势在何处，就可以制定我们的战略了。但是"蓝海"是冒险，虽然创新是好的，但是很少有人愿意冒险，在商学院中我们也说失败是成功之母，但是没有人想做失败者，这也就是为什么很多人仍致力于"红海"中的原因。

"强强联合"是"双赢"的最好选择

经济学界讲的"强强联合"，是指大企业之间为了增强市场竞争力、获得更大的经济效益而实行合并的经济现象。大企业之间的强强联合，可以实现合并企业的优势互补，优化资源配置，降低生产成本，提高劳动生产率，促进先进技术的研究和开发，达到扩大市场占有额、获取更大经济效益的目的。

"强强联合"与企业兼并不同，企业兼并是建立在通过以现金方式购买被兼并企业或以承担被兼并企业的全部债权债务等的前提下，取得被兼并企业全部产权，剥夺被兼并企业的法人资格。通常是效益较好的优势企业兼并那些效益较差的劣势企业。也就是说，兼并之后，劣势企业将不复存在。而"强强联合"则是建立在大企业相互合作的基础上的合并，不存在剥夺另外企业法人资格之说，也就是联合之后，仍是共同发展。

目前，我们所看到的很多品牌营销活动其实并不属于联合品牌传播活动。比如"长丰猎豹"进行摇滚乐的推广，跟可口可乐当年借助麦克尔·杰克逊进行全球巡演的意义一样，这其实是一种非常简单的借助媒介进行传播的活动。但是不能把这样的活动都列入联合营销的范围之内，必须把联合营销看成一个独立的体系。

怎样才能算是真正的联合营销？下面是几年前奔驰和乔治·阿玛尼合作的一个典型案例。

阿玛尼是代表欧洲豪华服装和时尚产品的品牌，其设计理念是前卫和创新，而奔驰汽车的CLK品牌则希望通过跑车的模式，吸引那些富有创新精神并愿意尝试新事物的年轻人士。这两者整合在一起，至少可以获得两个方面的好处。

一是品牌发展到一定阶段之后就演变成消费者价值的象征。

即消费者选择阿玛尼品牌，主要是希望借助阿玛尼品牌，彰显自己所接受和认可的阿玛尼精神——时尚、创新、激情。所以，从这个意义上讲，服装更多时候是一种自我精神的外在表现，而不是简单地认可或者接受阿玛尼品牌，这就是品牌的本质特征。

二是可以实现品牌策略上的延伸、扩展。阿玛尼品牌的消费者会自然地将奔驰CLK看成阿玛尼时尚精神的一种延伸或者一种扩展，如果他深信阿玛尼精神，那么在一定程度上，他对这款汽车的态度就延续了自己对阿玛尼品牌精神的认同和体验。

在上面的合作案例中，假如消费者认定了阿玛尼所代表的精神，从阿玛尼的价值特征和品牌精神出发，在舆论下也会自然地接受奔驰品牌，把奔驰看成阿玛尼精神的一种延伸，或者是在运动方面的一个补充。

这样一来，CLK品牌就会得到最大限度的传播，而奔驰CLK本身也在积极地吸引具有创新精神和创新文化的年轻人士，把他们变成自己品牌的消费者。

在阿玛尼品牌和奔驰品牌传播的过程当中，由于消费者媒介的选择性，总是会导致相当一部分目标消费者并没有注意到这两个品牌，或者因为种种因素，不能够完全接受或者全面接受该品牌所彰显的文化价值或者精神理念。但通过联合营销，一是双方都能弥补媒介传播上的不足，并最大限度地使自己的品牌得到发扬；二是双方的联合可以大幅度降低成本，同时整合延长自己单一品牌的宣传和传播的时间。

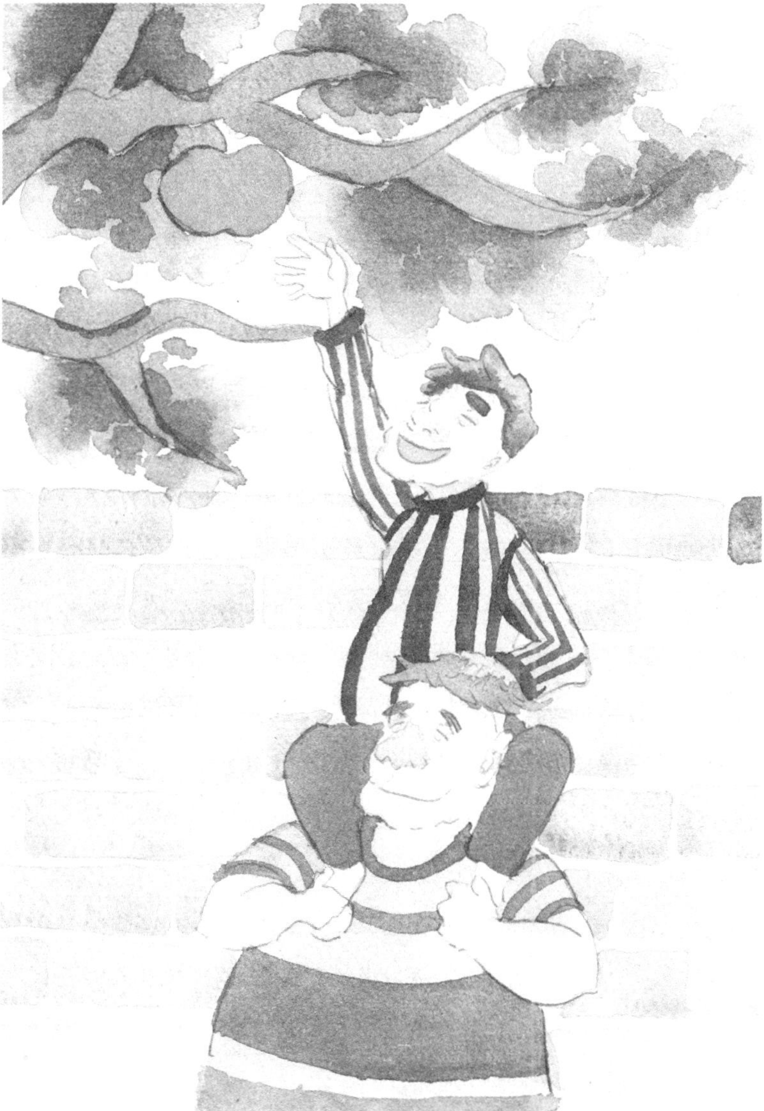

事实上，联合营销等于做了一个加法。在实际操作特别是在品牌传播当中，所有的企业都会花掉大量的费用，如果联合则可以大大降低这些费用。

当然，联合品牌还有一定的限制，不是任何时候都可以使用，必须注意以下几个方面的问题。

第一，要精选合作对象，最好有共同的消费人群、文化理念和精神理念，以及共同的价值特征、属性。

第二，一般企业可能很少注意到，在成为知名品牌以前，联合品牌很难操作成功。所以要找到一个适当、对等的品牌进行合作，而不能够期望借助远高于自己的价值特征或者社会影响力的品牌提升自身的影响力。联合营销追求的是相互之间的平等合作，而不是借一个品牌去拉动另一个品牌。东风雪铁龙和卡帕（KAPPA）的合作就是非常典型的例子。雪铁龙是一个欧洲品牌，而卡帕是一个意大利运动品牌，这两者都是当地具有一定影响力的品牌。卡帕刚在香港上市，就取得了服装行业第一品牌的地位，这种影响力对东风雪铁龙来说，无疑具有实际意义和平等价值。

第三，联合品牌最主要的还是巩固品牌的形象，而不是塑造品牌形象，因此联合品牌传播，并不能替代单一品牌的传播。即使联合品牌能够降低成本，也必须在整体战略上把它作为辅助性战略，而不能作为根本性战略。

从对手的立场思考，你能做出更好的决策

站在对手的立场上想一想，就是为自己未来着想。站在对手的立场上想问题，不仅仅是一种美德，更是一种赢的策略。

在做出决策前要站在对手的立场好好想想。站在对手的立场看问题，你的看法自然就有了高度。《孙子兵法》有云："知己知彼，百战不殆。"而"知己"与"知彼"相比较，"知彼"就显得很重要。对生死相敌的对手"知彼"则更为重要。伟大的斗士是不会轻视他的对手的。失败者失败的一个重要原因是，他们从来都不懂得站在对方的立场看问题。

创建了著名的松下电器公司的松下幸之助，在做生意的过程中，就注重站在对方的立场看问题。松下电器公司能在一个小学没读完的农村少年手上，迅速成长为世界著名的大公司，就与这条人生哲学有很大关系。

人们在交往中，不可避免地总有许多分歧。松下幸之助总希望缩短与对方沟通的时间，提高会谈的效率，却一直因为双方存在不同意见而浪费了大量时间。在他23岁那年，有人给他讲了一个故事——犯人的权利。他终于从中领悟到一条人生哲学。凭借这条哲学，他与合作伙伴的谈判突飞猛进，人人都愿意与他合作，也愿意做他的朋友。这个故事是这样的：

某个犯人被单独监禁。狱方已经拿走了他的鞋带和腰带，他

们不想让他伤害自己（他们要留着他，以后有用）。这个不幸的人用左手提着裤子，在单人牢房里无精打采地走来走去。他提着裤子，不仅是因为他失去了腰带，而且是因为他失去了15磅的体重。从铁门下面塞进来的食物是些残羹剩饭，他拒绝吃。但是现在，当他用手摸着自己的肋骨的时候，他嗅到了一种万宝路香烟的香味。他喜欢万宝路这个牌子。通过门上一个很小的窗口，他看到门廊里那个孤独的卫兵深深地吸一口烟，然后美滋滋地吐出来。这个囚犯很想要一支香烟，所以，他用他的右手指关节客气地敲了敲门。

卫兵慢慢地走过来，傲慢地问道："想要什么？"

囚犯回答说："对不起，请给我一支烟……就是你抽的那种——万宝路。"

卫兵错误地认为囚犯是没有这个权利的，所以，他嘲弄地哼了一声，就转身走开了。

这个囚犯却不这么看待自己的处境。他认为自己有选择权，他愿意冒险检验一下他的判断，所以他又用右手指关节敲了敲门。这一次，他的态度是威严的。

那个卫兵吐出一口烟雾，恼怒地扭过头，问道："你又想要什么？"

囚犯回答道："对不起，请你在30秒之内把你的烟给我一支。否则，我就用头撞这混凝土墙，直到弄得自己血肉模糊、失去知觉为止。如果监狱长把我从地板上弄起来，让我醒过来，我就发誓说这是你干的。当然，他们绝不会相信我。但是，想一想你必须出席每一次听证会，你必须向每一个听证委员会证明你自己是无辜的；想一想你必须填写一式三份的报告；想一想你将卷入的事件吧——所有这些都只是因为你拒绝给我一支劣质的万宝路香烟！就一支烟，我保证不再给您添麻烦了。"

卫兵会从小窗里塞给他一支烟吗？当然给了。他替囚犯点了烟了吗？当然点上了。为什么呢？因为这个卫兵马上明白了事情的利弊。

这个囚犯看穿了士兵的禁忌，或者叫弱点，所以满足了自己的要求——获得了一支香烟。

松下幸之助立刻联想到自己：如果我站在对方的立场看问题，不就可以知道他们在想什么、想得到什么、不想失去什么了吗？仅仅是转变了一下观念，松下就获得了一种快乐——发现一个真理的快乐。

著名作家米兰·昆德拉说："站在别人的立场上想，就是为自己未来着想。"事实上，通过上面的分析我们可以发现，站在对手的立场上想问题，不仅仅是一种美德，更是一种赢的策略。

美国著名企业家金姆说："任何成功的谈判，从一开始就必须站在对方的立场看问题。"最简便、最有效的办法就是模拟谈判，让己方谈判人员扮演对方角色，尽可能多地把对方届时可能提出的问题和要求预先提出来并探讨应对方案。有时候往往能够出现这样的感觉——"对啊，人家这样做一点也不过分嘛"，从而避免实地谈判时判断仓促而造成不应有的失误。更重要的是，己方做如下表达："我们很清楚，贵方这样做无非是想将机会增多。"很显然，这种表现出"你们心里想什么，我们一清二楚"的优越感，能够带来极大的心理优势，造成明显的落差，从而有效地抑制对方的自信和讨价还价的勇气。

有礼有节地回击

谦恭礼让的美德固然可取，不过，当别人对你过分无理时，要给以适度的回击，一方面它可能减少受到更多的欺负，更重要的另一方面是，它警醒了双方对规则的智慧思考。

谦恭礼让是对别人的尊重，从而才能赢得别人对自己的尊重。但谦恭是要有度的，当别人对你过分地无理时，也要不卑不亢、有礼有节地给以适度的回击，来维护自己的尊严和利益，免得日后再受到欺负。

"你们要是用刀剑刺我们，我们不是也会出血的吗？你们要是搔我们的痒，我们不是也会笑起来的吗？你们要是用毒药谋害我们，我们不是也会死的吗？那么要是你们欺侮了我们，我们难道不会复仇吗？"（莎士比亚《威尼斯商人》）借夏洛克之口，莎士比亚强调了报复是人类的本能，如同流血、发笑、死亡一样，报复似乎是受控于神经中枢而独立于理性思考的。

从精神健康的角度看，报复的冲动往往是合乎人性的。假若不让人发泄，这个人的整个人生观可能会变得畸形而多少有些偏执。适度的报复，是人性的正常行为。报复的冲动是一种被动的反弹，别人打了你一下，推了你一把，你可能怕失去平衡，不自觉地反击，这是保持平衡的自保行为，也是为了站得更稳。孙子有云："进攻是最好的防御"。所以，我们应该摒弃过去的那种对报复完全说 NO 的观念，因为适时适度的报复实际上是一种自保行为，或者说是一种有效的回击方式，只有这样你才能在以后少受别人的欺负。

下面是《富爸爸，富孩子，聪明孩子》中富爸爸教育自己孩子的一个故事。

罗伯特小时候长得又高又壮，妈妈很害怕他会利用身体优势成为学校里的"小霸王"。所以妈妈着力发掘他身上被人们称作"女性的一面"的性格因素。一年级时的一天，罗伯特拿回成绩单，老师的评语是"罗伯特应该学会更多地维护自己的权益，他使我想起了费迪南德公牛。虽然罗伯特比别的孩子更高更壮，可是别的孩子就是敢欺负他、推搡他。妈妈曾给我讲过这个故事，说的是一头叫作费迪南德的大公牛不是与斗牛士打斗,而是坐在场地中嗅闻观众抛给它的鲜花"。

妈妈看完成绩单后,感觉到有些震惊。爸爸回家看过后,立即变成一头发怒的而不是闻花的公牛。"你怎么看别的孩子推你这件事?你为什么让他们推你?难道你是个女孩子吗?"父亲嚷着,他似乎更在意关于罗伯特行为的评语,而不是考试分数。罗伯特向爸爸解释他只不过是听从妈妈的教导,他转向妈妈说道:"小孩子们都是公牛,所以对任何一个小孩子来说,学会与'公牛'相处很重要,因为他们的确身处于公牛群中。如果他们在童年时就没学会与'公牛'相处,他们到了成年就会经常受人欺辱。"

父亲转向罗伯特说:"别的孩子打你的时候,你的感觉是什么?"

罗伯特的眼泪流了下来:"我感觉很不好,我觉得无助而且恐慌。我不想上学了,我想反击他们,但我又想当好孩子,按你和妈妈的希望去做。我讨厌别人叫我'胖子'和'蠢货',讨厌被别人推来推去的,而且我最讨厌站在那里忍受这些。我觉得我是个胆小鬼,简直就像个女孩子。而且女孩子们也笑话我,因为我只会站在那里哭。"

父亲转向母亲,盯视了她一会儿,似乎是要让她知道他不喜欢她教给罗伯特的这些东西,然后他问罗伯特:"你认为该怎么办?"

"我想回击,"罗伯特说,"我知道我打得过他们。他们都是些爱打人的'小流氓',他们喜欢打我是因为班里我的个子最大。因为我个子大,每个人都要我不欺负别人,可是我也不想站在那里挨揍啊。他们认为我不会反击,所以就总是在别人面前打我。我真想揍他们一顿,灭一灭他们的气焰。"

"不要揍他们,"父亲静静地说道,"但你要用其他方式让他们知道你不再受他们的欺负了。你现在要学习的是非常重要的一课——争取自尊,捍卫自尊。但你不能打他们,动动脑子想个办法,让他们知道你不会再忍受、再挨打了。"

罗伯特不再哭了,擦干了眼泪,感到好受多了,勇气和自尊似乎重新回到了他的体内。现在罗伯特已经做好回到学校的准备了。

在学校里,难免有小孩受到坏孩子的欺负,这是令许多老师家长都感到头疼的事情。而英国却出了"怪招",遭遇校园暴力的孩子有机会为自己"讨回正义"。

英国政府颁布了一份名叫《安全学习》的文件，专门打击校园暴力问题。文件表示，被欺负的学生有责任帮助学校解决校园暴力问题。最令人惊讶的是，被欺负的小孩可以直接"惩罚"欺负他的坏小孩。如果小孩向老师反映自己受到了坏小孩欺负，在老师惩罚这个坏小孩时，受欺负的小孩可以选择惩罚的方式。惩罚的方式包括让欺负人的小孩捡垃圾、擦洗墙上涂鸦或者留堂等。

英国不少教育官员都表示，这样的做法能够让孩子觉得对坏小孩的惩罚是"公平的"，同时也能让被欺负的小孩重树信心，得到更大的心理安慰。

人们常说"人善被人欺，马善被人骑"，"马善"是说马温顺，而"人善"除了指人温顺、没有反抗的性格外，还包括心软、服从、软弱、畏缩及缺乏主见等。

为了扭转这种任人欺负的局面，就要学会适度地抗议和生气。当你受到不公正的待遇时，要有勇气抗议，但这种抗议必须有气势，不必得理不饶人，但要充分表达你的立场。至于生气，也不必得理不饶人，但要让对方了解你的立场。一般喜欢捏"软柿子"（欺负好人）的人，必然都是虚的（因为他不敢去欺负"坏人"），因此你的抗议和生气会产生相当程度的效果。

要不被人欺，就要武装自己；不必去攻击别人，但必须能保护自己，就像自然界的许多小动物，它们也都有基本的自卫能力。

小心恶性竞争！杀敌一千，自损八百

竞争不应以消灭对手为导向，而应以壮大自己为目标，恶性竞争往往杀敌一千，自损八百。

宁波人打麻将，有句老话："杀敌一千，自损八百。"这句话的意思是："如果你一味地扣着好牌不让人家吃、不让人家碰的话，那么，你自己基本上也不会和牌了。所以，这种牌局的最终结果，往往就是，虽然被你拦阻的那家会输掉一千元，而你估计也会因此输掉八百元了。最终得实惠的，既不会是被拦阻的那一家，也绝对不会是发起拦阻的你。"

打麻将是这样，商战也是这样。如果你一味地以与某人作对为乐，而不去尽力地追求自己的最大利益的话，那么，即使对方真的被你打倒了，估计你自己也不会有好的结果。很多商人喜欢以击败某个竞争对手为主要目的，却偏偏忘记了，对商人来说，追求利润才是最要紧的事；很多人都积极地、勇敢地投入竞争中，在竞争中拼尽力气去与竞争对手们一展生死之战，最终，落得个两败俱伤。

竞争的目的，是赢得胜利，是获得利益。假如只是为了竞争而竞争，那么，就失去了竞争的真正意义了。麻将的要点在于和牌，商战的要点在于利润；不能赢钱的牌手不是好牌手，不能赢利的商人不是好商人。真正会打麻将的高手，会时不时地给你吃

几张牌。因为他知道,只有你吃了这几张牌之后,才会把他所要的那张牌打出来。真正懂得竞争的商界高人,也会时不时地给你一些攻击的机会。可等到你一心地去攻击他时,他却早已跳出了竞争。

也就是说,在打麻将时,不能老是想着扣牌,不让下家吃。如果一味地拦截下家,那么,自己也就难和牌了。所以,麻将高手总是会在适当的时候给下家一张牌吃,以此来换取自己抓到好牌甚至和牌的好机会。比如,他会故意打出一张七万来让你吃,逼着你在吃了七万后,顺手打出那张因吃了七万后而变得多余了的八万,而他可能刚好和八万。这样的人,才是真正的麻将高手。

这个道理,同样也可以应用在市场竞争中。愚蠢的人,往往会死死地盯着同行,甚至故意扰乱市场秩序,仿佛不让同行赚钱才是他经商的根本目的。结果往往就会搞得"害人又害己"。诸如杀价倾销一类的恶性竞争,就可以看作这一类的"牌路"。而真正的高手,却会在适当的时候,抛出一些有利的信息来转移竞争对手的视线,进而达到自己独占鳌头的目的。

第七章

拿什么留住你，我的伙伴
——合作者间的心理博弈

博弈思维

利益比道德更有约束力

人们对利益的追求来源于人的本性，利益约束力是基于利益得失而产生的约束。道德约束是排除利益关系的自我约束，是一种自觉的约束。当道德的满足感与可能所受谴责的效用小于其所捡物品给他带来的效用时，道德约束可能失效，利益比道德更有约束力。

尽管先贤圣人早就有过舍生取义的精辟论述，但现实中人真要在"生"和"义"之间进行正确选择，就不像选择鱼还是熊掌那样简单分明了。

当然，道德约束有其自身的局限性。它对不道德的行为的抑制是有限度的，当不道德的行为带来的利益大于道德的满足时，道德约束的作用便失效。举个很简单的例子，拾金不昧是理所当然的美德，捡到别人丢失的100元钱还给失主不仅有道德满足感，还会受到有关方面的表扬，得到社会的认可，建立起自己的美誉；若不及时交还失主并被发现，则会受到严厉的谴责并失去社会信誉。假想一下，当捡到价值上百万的古玩名画时，极大的可能是据为己有。这是因为他道德的满足感与可能所受谴责的效用小于其所捡物品给他带来的效用。在这种情况下，道德作用便失效了，利益则显得更有说服力。

人们对利益的追求来源于人的本性。人是一个理性动物，在这个纷繁复杂的社会里，为了生存，人们不得不去想办法活下来，并努力争取活得更好。基于此，人们必须去努力追逐自己能力所及之利益，甚至会不惜使用一切办法，这和大自然的丛林法则在某种意义上是一致的。

道德约束是排除利益关系的自我约束，是一种自觉的约束。而利益约束则是基于利益得失而产生的自我约束。在很大程度上是外部约束的自我表现形式，是不完全自觉的自我约束。道德约束一般只对少数人起作用，而利益约束则对大多数人起作用。如果没有利益约束，在利益的驱使下，就有可能使道德约束失去作用。因而在自我约束力中，利益约束力是最为重要的。

"当道德与利益发生冲突时，你会怎样选择？"回答这个问题，发自内心地讲，总会有一些矛盾。有一句话是这样说的："当道德和利益放在一起，你却只能选择其中之一时，如果你果断地选择了道德，那是因为利益那边的砝码还不够重。"是的，如果是在小利面前，许多人会毫不犹豫地选择道德，但反之则未必如此。

从思想道德的角度，诚实是人类社会推崇的品德，同时，从经济学的角度，诚实也是利益的需要。只有诚实守信，合作双方的彼此依赖和共赢才得以维持；否则，跟他合作的人会越来越少,他的路必将越走越窄,以致无路可走。

古训云:"诚者天之道也,诚者人之道也,诚者商之道也;诚招天下客,誉从信中来。"生活中处处都有诚信,诚信是做人之根本。如果一个人没有了诚信,那么这个人也不会得到别人给予他的诚信。这个人将无法在社会上立足,处处都得不到别人对他的信任了。

诚然,追逐利益最大化是每个商人、每家公司的最终目标。经济学家威廉姆森曾指出:"由于利己主义动机,人们在交易时会表现出机会主义倾向,总是想通过铤而走险、投机取巧获取私利。"

然而,难道赚取钱财非要在违背诚信的条件下进行,不能通过合法的手段赚取合法的利润吗?诚信与利益真的互相矛盾吗?坚守诚信就等于放弃利益吗?

合作是指两个或两个以上的企业(或组织)在共同的愿景和目标下,共同从事某项或多项业务活动,互相支持协作,互相交流信息,共享资源，共同受益。它是一种松散的依赖于承诺和信用的战略形式，采用这种战略的企业，首先要解决的问题是选择诚实守信的合作伙伴。

博弈论告诉我们，两个企业合作，如果双方都诚实守信，结果就可以各得一份利益；如果双方都不诚实守信，结果就是两方都无利可得；如果一方诚实守信，另一方不诚实守信，结果就会使诚实守信的一方损失利益，不诚实守信的一方多占利益。在企业合作的实践中，往往会有一些企业为了自身的最大利益而背叛诚实守信的原则，结果给对方造成不应有的利益损失。有的邮政企业就吃过不少这样的亏。譬如，前些年某地邮政企业与某酒厂合作经销该厂生产的白酒，邮政企业承诺包销标定数量的该厂白酒，酒厂承诺该厂生产的白酒由邮政企业独家代理经销。邮政企业信守承诺，购进了标定数量的该厂白酒，酒厂却施耍伎俩，同时向其他商家销售，结果是酒厂获得了双重利益，邮政企业却动用了大量人力，花费了四五年还未销售完当年购进的该厂白酒，损失惨重。由此可见，诚信是市场经济的基础，更是企业合作的首要条件。

一年冬天，沈阳多家大商场内，一知名品牌的一款皮鞋走俏，销量非常可观。但好景不长，上市几个月后，沈阳商业城鞋帽商场皮鞋二部就接连收到顾客投诉，说皮鞋质量有问题，不到两个月就出现断底。

对此，销售人员找到厂家，检验后发现，确实存在质量问题，于是将该款皮鞋从沈阳的各大商场撤柜，沈阳商业城鞋帽商场皮鞋二部也按"三包"协议给顾客提供了相应服务。一年后，还有顾客投诉该款皮鞋的质量问题。其实，像这样的投诉，销售人员原本可以以已经过了"三包"期限为由拒绝处理，但柜组销售人员还是无条件进行了退换。当被问及他们为什么要这样做时，柜组人员说："我们虽然在经济上会蒙受一些损失，但是，我们的信誉不能蒙受损失。"

2004年，沈阳商业城鞋帽商场皮鞋二部被团中央、商务部授予"全国青年文明号十年成就奖"。

一切商机都来源于合作，合作应该建立在双方自愿和信息对称的基础上。经济学中有个"囚徒悖论"，就是说在和对方选择合作的情况下，谁先选择了不合作，谁就有可能占上风。这就是源于信息的不对称，如果双方能诚心沟通交流，就不会出现这样的情况。但是人与人之间又是不能完全沟通的，他们合作就是为了追求利益并且都有投机心理，所以如果双方不能有效沟通，常会造成类似于"囚徒悖论"中双方都选择不利于自己的选择。"囚徒悖论"的确有意思，只要是具有理性的人，在双方事先不能沟通的情况下都会选择结果最后看来对双方都不利的选择，这就是失败的合作。所以，可以看出合作双方的沟通交流对于合作真心实意的重要性，这其实也就是现在市场经济中讲的诚信。有诚信才让别人对你有期望，才能让合作持久地进行下去，诚信对双方都有益处。在不成熟的市场经济环境下或者在市场变化的转折时期，选择不诚信反而可能是一种理性行为，但是随着人们不断积累经验，市场的不断成熟，人们选择不诚信就会越发地感觉到在市场中存活不下去。

诚信与利益非但不互相矛盾、互相冲突，反而是相辅相成、互相作用的。失去了诚信，便难于追逐更大的利益。从微观方面来说，商家或许能以不讲诚信为手段谋取一时之利，但终究不能长久。聪明的消费者不会在上当受骗后再上当受骗。由此，商家最后只能生意惨淡，门可罗雀，甚至破产。

制度不灵，人情是撑不到底的

无规矩不成方圆，制度是中性的，不随形势的变化而变化。人情是不稳定的，必须有坚定的执行力。

中国有句俗话，"没有规矩不成方圆"。没有规则，合作往往会陷入混乱无序、低效的境地，所以必须先树立一种规则意识。遵守合作学习的规则是合作品质培养的一个重点。合作的规则直接影响到合作学习的效率与质量。每一个合作学习过程都是一个规则意识的践行与强化的过程。

如果你留意观察生活，你会发现，在自然界中，合作无处不在。哪怕是在小小的蚂蚁家族中，也有着复杂而又严格的分工。工蚁负责探路和寻找食物，兵蚁负责蚁巢的安全，蚁后则生育后代乃至哺养后代。每一个成员既不多做也不少做，缺了其中任何一个环节都不行。蚂蚁家族正是凭借每一个成员的合作精神，才能生存下去。

小王和他同学是非常要好的朋友，两人一起创业，成立了一个婚庆联盟。筹建婚庆联盟时，小王的另一个朋友小张曾提醒他和他的同学签一个协议，小王也让别人帮着起草了一个协议，拿给他的同学，他的同学说，咱们之间还用得着这个吗？小王没词了，就没签。他俩是这样约定的，组建这个婚庆联盟每个商家都建个网站，小王的同学负责市场开拓，小王负责网站制作，收益三七分成。小王有网站制作成本，网站收入七成归他，他的同学没有成本，网站收入三成归他，网站以外的婚庆联盟收入扣除成本后双方对半平分，就这样他俩分头忙起来。很快，先后有近二十个商家加入了婚庆联盟，并做了网站。可前两天，小王打电话给小张说，他的同学要网站以外净利润的70%，他有异议。他的同学就说不合作了，并到商家那说，婚庆联盟解体了，让商家管小王来要钱。小王很生气，这几天一直和商家对接解释，说他的同学退出了，婚庆联盟还在，承诺和服务还会兑现。这几天把他烦透了。他对小张说，现在这种情况，干生气也拿他的同学没办法，因为双方连个协议都没有，这次算接受教训了，不管和谁合作都得按商业规则办事，要不到头来麻烦的是自己。

合作型企业，在创业初期，因为每个人都能积极向上，出现问题的情况比较少。但是当企业发展到一定规模，情况就会出现变化，那个时候利益冲突、权力冲突，甚至相互猜疑就会接踵而至。这时合作中的制度规则就开始发挥它的作用了。在合作初期就需要明确一些基本原则，如决策原则、利益原则、相互监督原则等。比如规定重大问题必须经董事会决定，如有分歧，在经过必要的争论后严格按照少数服从多数的原则做出最后的决策。

中小企业在创业期间，常有一些合作伙伴散伙的事。最主要的一点就是，合作者之间都碍于情面，不愿意撕破脸皮去指责和监督别人，这样日积月累，矛盾终究会爆发，最后的结果只能散伙。合作要建立在事业的基础上，而不能建立在私人利益的基础上，相互利用。许多企业在解决合伙人之间出现的矛盾时采取回

避的态度，把问题掩盖起来，这样不利于问题的解决，而要解决它则要牵扯到利益。如果一开始就制定一些制度来约束大家的行为，就不会为情面所困，将矛盾和问题解决在萌芽状态。

有些成功的家族企业，这方面就做得很好，虽然亲属朋友是家族企业的骨干，但他们在企业中也和普通员工一样，受企业制度的约束，也公平地享受企业奖励机制。在企业中，只是职务和分工不同，没有谁是谁的亲属朋友，只有老板和员工。这样一来，企业中朋友之间的关系简单化了，只有工作关系，亲属和其他员工的关系也简单化了，也只是工作关系；大家都把心思用在工作上，而不是分出精力来研究这些复杂的关系，把大家搞得都很累。

在合作前就定下制度，用制度来约束大家，这样才能为合作打下一个坚实的基础。商道就是商业规律，合作者之间合作只有按商业规律办事，才能合作得开心，合作才能长远、共赢。

猎人博弈中的妙术

猎人博弈又称"合作博弈"，通过两个猎人在打猎中获取猎物的博弈举例而得，是博弈论中一个典型的博弈类型。

古代有两个猎人。那时候，狩猎是人们主要的生计来源。

为了简单起见，假设主要的猎物只有两种：野牛和兔子。在古代，人类的狩猎手段是比较落后的，弓箭的威力也颇为有限。在这样的条件下，我们可以进一步假设，两个猎人一起去猎野牛，才能猎到一头；如果单兵作战，他只能打到四只兔子。从填饱肚子的角度来说，四只兔子只能管四天，一头野牛却差不多能够解决一两个月的食物问题。这样，两个猎人的行为决策，就可以写成以下的博弈形式：

猎野牛：15，15　0，4

打兔子：4，0　4，4

打到一头野牛，两家平分，每家管15天；打到四只兔子，只能供一家吃四天。上面的数字就是这个意思。如果他打兔子而你去猎野牛，他可以打到四只兔子，而你将一无所获，得零。如果对方愿意合作猎野牛，你的最优行为是和他合作猎野牛。如果对方只想自己打兔子，你的最优行为也只能是自己去打兔子，因为这时候你想猎野牛也是白搭。

我们知道，这个猎人博弈有两个纳什均衡：一个是两人一起去猎野牛，得（15，15）；另一个是两人各自去打兔子，得（4，4）。两个纳什均衡，就是两个可能的结局。那么，究竟哪一个会发生呢？是一起去猎野牛还是各自去打兔子呢？比较（15，15）和（4，4）两个纳什均衡，明显的事实是，两个去猎野牛的盈利比各自打兔子要大得多。两位博弈论大师——美国的哈萨尼教授和德国的泽尔滕教授长期进行合作研究，按照他们的说法，甲、乙一起去猎野牛得（15，15）的纳什均衡，比两人各自去打兔子得（4，4）的纳什均衡具有帕累托优势。猎人博弈的结局，最大可能是具有帕累托优势的那个纳什均衡：甲、乙一起去猎野牛得

（15，15）。

从（4，4）到（15，15）均衡的改变，在经济学上被称为具有"帕累托优势"。如果经济资源尚未充分利用，不能说经济已达到帕累托效率。当要改善任何人的生活都必须损害别人的利益时，则说明经济已达到帕累托效率。例如价格战愈演愈烈，只要有竞争，必然有价格战：空调大战、彩电大战、IP大战、机票打折大战，等等。

猎人博弈的结局告诉我们，在企业发展过程中要多考虑企业之间的合作利益。请切记：经济上的最高境界是合作与共享。法国人让·皮埃尔·德斯乔治说："如果说合同是短期的事，那么合作则是长期的事。"

为什么要"合作第一"？因为合作能够产生利润。为什么合作能够产生利润？因为合作能够有效地降低交易成本。合作意味着参与交易的双方都能够自觉地遵守它们达成的各种正式的或者非正式的契约，不用花大量的成本用于监督交易双方的契约行为；合作意味着双方都旨在提升共同的利润水平，这实际上是用双方的力量做一件事情，自然就提高了效率。最能够说明这一点的就是硅谷的发展。请记住这样一个数字：全球 500 强企业平均每一家约有 60 个主要的战略联盟和战略合作者。

无论职场还是生活中，如果我们每个人都只顾自己的利益，各自为战，很可能获益极少。大多数情况下，跟同事或对手合作，就会使利益最大化，就像猎人博弈中的现象一样，也许我们在合作中能实现双方的最大利益，真正实现"双赢"。

猎鹿博弈：帕累托共赢的智慧

帕累托共赢的智慧是"1+1>2"。当然，要让"1+1>2"的效果真正实现，需要合作双方坚定地信任对方并严格地约束自己。

在经济学中，帕累托效率准则是：经济的效率体现于配置社会资源以改善人们的境况，主要看资源是否已经被充分利用。如果资源已经被充分利用，要想再改善，你就必须损害他人的利益。

一句话简单概括为：要想再改善任何人，都必须损害他人，即是说经济已经实现了帕累托效率。

根据猎鹿博弈,当我们比较(10,10)和(4,4)两个纳什均衡时,明显的事实是,两人一起去猎鹿比各自去抓兔子可以让每个人多吃6天。按照经济学的说法,合作猎鹿的纳什均衡,比分头抓兔子的纳什均衡,具有帕累托优势。与(4,4)相比,(10,10)不仅有整体福利改进,而且每个人都得到福利改进。换一种更加严密的说法就是,(10,10)与(4,4)相比,其中一方收益增大,而其他各方的境况都不受损害。这就是(10,10)对于(4,4)具有帕累托优势的含义。

相反,如果在不损害别人的情况下还可以改善任何人,那么经济资源尚未充分利用,就不能说已经达到帕累托效率。效率是指资源配置已达到这样一种境地,即任何重新改变资源配置的方式,都不可能使一部分人在没有其他人受损的情况下受益。这一资源配置的状态,被称为"帕累托最优"状态,或称为"帕累托有效"。

目前在世界上"强强联合"的企业比比皆是,这种现象就接近于猎鹿模型的帕累托改善,跨国汽车公司的联合、日本两大银行的联合等均在此列,这种"强强联合"造成的结果是资金雄厚、生产技术先进、在世界上占有的竞争地位更优越,发挥的作用更显著。

总之,它们将蛋糕做得越大,双方的效益也就越高。无论宝山钢铁公司与上海钢铁集团"强强联合"也好,还是以其他方式重组也好,最重要的在于将"蛋糕"做大。在宝钢与上钢的"强强联合"中,宝钢有着资金、效益、管理水平、规模等各方面的优势,上钢也有着生产技术与经验的优势。两个公司实施"强强联合",充分发挥各方的优势,发掘更多更大的潜力,形成一个更大更有力的拳头,将"蛋糕"做得比原先两个"蛋糕"之和还要大。

在猎鹿模型的讨论里,我们的思路实际只停留在考虑整体效率最高这个角度,而没有考虑"蛋糕"做大之后的分配。猎鹿模型是假设猎人双方平均分配猎物。

我们不妨作这样一种假设,猎人 A 比猎人 B 的狩猎能力水平

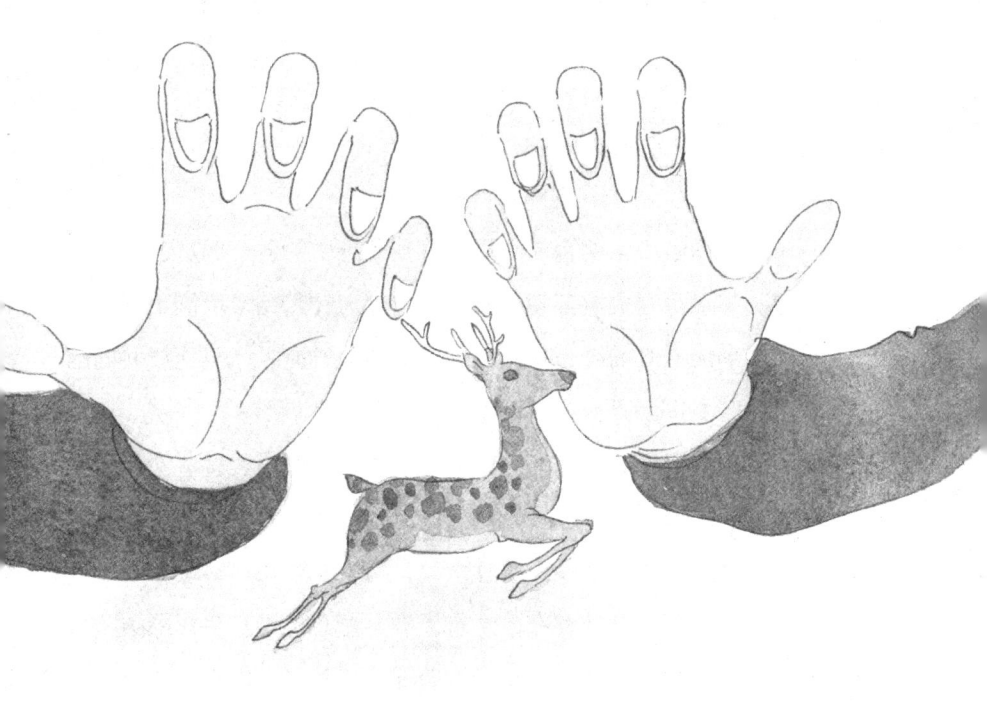

要略高一筹，但猎人B却是酋长之子，拥有较高的分配权。

可以设想，猎人A与猎人B合作猎鹿之后的分配不是两人平分成果，而是猎人A仅分到了够吃2天的梅花鹿肉，猎人B却分到了够吃18天的肉。

在这种情况下，整体效率虽然提高，却不是帕累托改善，因为整体的改善反而伤害到猎人A的利益。我们假想，具有特权的猎人B会通过各种手段让猎人A乖乖就范。但是猎人A的狩猎热情遭到打击，这必然导致整体效率的下降。进一步推测，如果不是两个人进行狩猎，而是多人狩猎博弈，根据分配可以分成既得利益集团与弱势群体。

复杂职场中也可以追求"共赢"

跟物理学中力的合成一样，复杂职场中的各个职员就是各个分力。如果每个成员都朝不同的方向用力，其结果可能不会很理想。要形成最大的合力，就必须有共同的方向。而要达成共同的方向，需要每个职员具备足够的修养和智慧。

下面我们来介绍职场共赢的七大法则，而实践这些法则是需要一定的修养和智慧的。

法则一：尊重差异，换位思考

正是由于差异的存在，才有了林林总总、丰富多彩的大千世界。所以，我们要学会尊重个别差异，并找寻共同点。这就像一幅织锦画，正是那些不同的色彩和图案造就了它的缤纷美丽。每一种花色和图案都不相同，而那最真实的美丽就是每一种图案或花色对整体的贡献。

B先生最近有点烦。公司给他所在的团队布置了一个很大的项目，B先生看了很多资料，收集了很多数据，写出了一个自认为很好的方案。在开会的时候，他向组里的成员说出了自己的想法，可是大家似乎都有一些大大小小的反对意见。为此，B先生据理力争，结果那次会议不欢而散。在之后的几次会议中，B先生又觉得别人提出的想法根本没有自己的好，他"大胆"提出自己的不同意见，可是结果又是不欢而散。现在组里的人好像在刻意疏远B先生，有事也不和他商量。这使他很苦恼，他很想对他的组员说，其实他说的话都是对事不对人的，他只是想把工作做得更好。

B先生遇到的问题，其实就是团队差异与沟通的问题。尊重差异，不挑剔、不嫌弃；人与人的相处，贵在包容；肯定自己的选择，接受和对方之间的差异。这些说起来简单，做起来难。

法则二：互相帮助，互补"共赢"

其实，在人类社会中，这种利他的范例很多。因为你并非完美无缺，只有让你的合作者生活得更好，你也才能更好地生活。仔细想一想，我们与老板的关系、与下属的关系、与同事的关系、与顾客的关系等，其实不也是一种互通有无、共同发展的关系吗？

法则三：微笑竞争，携手同行

竞争应该是在美德肩膀上优美的舞蹈。"双赢"就是用美德为竞争镶边着色，让折射的阳光照亮携手同行的路程，让竞争在微笑中把心灵放松，在合作中共同进步，在人与人关爱和睦、诚实守信中描绘出一幅和谐的生动画面。

竞争应该在合作的怀抱里微笑。竞争体现着时代的特点，"双赢"更是代表着一个民族和个人的高度。微笑竞争，携手同行，这是"双赢"的智慧，更是人类和人生至高的境界。

蒙牛总裁牛根生深谙竞争与合作的道理。在早期蒙牛创业时，有记者提出这样一个问题：蒙牛的广告牌上有"创内蒙古乳业第二品牌"的字样，这当然是一种精心策划的广告艺术。那么请问，您认为蒙牛有超过伊利的那一天吗？如果有，是什么时候？如果没有，原因是什么？

牛根生答道："没有。"竞争只会促进发展。你发展别人也发展，最后的结果往往是"双赢"，而不一定是"你死我活"。因竞争而催生多个名牌的例子国内国际都有很多。德国是弹丸之地，但它拥有5个世界级的名牌汽车公司。有一年，一个记者问"奔驰"的老总，奔驰车为什么飞速进步、风靡世界，"奔驰"老总回答说"因为'宝马'将我们追得太紧了"。记者转问"宝马"老总同一个问题，宝马老总回答说"因为'奔驰'跑得太快了"。美国百事可乐诞生以后，可口可乐的销售量不但没有下降，反而大幅增长，这是竞争迫使它们共同走出美国、走向世界的缘故。

在牛根生的办公室挂着一张"竞争队友"战略分布图。牛根生说："竞争伙伴不能称为对手，应该称为竞争队友。以伊利为例，我们不希望伊利有问题，因为草原乳业是一块牌子，蒙牛、伊利各占一半。虽然我们都有各自的品牌，但我们还有一个共有品牌'内蒙古草原牌'和'呼和浩特市乳都牌'。伊利在上海A股表现好，我们在香港的红筹股也会表现好；反之亦然。蒙牛和伊利的目标是共同把草原乳业做大，因此蒙牛和伊利，是息息相关的。"

法则四：学会宽容，理解体谅

宽容和忍让是人生的一种豁达，是一个人有涵养的重要表现。没有必要和别人斤斤计较，没有必要和别人争强斗胜，给别人让一条路，就是给自己留一条路。

什么是宽容？法国19世纪的文学大师雨果曾说过这样一句话："世界上最宽阔的是海洋，比海洋宽阔的是天空，比天空更宽阔的是人的胸怀。"宽容是一种博大，它能包容人世间的喜怒哀乐；宽容是一种境界，它能使人生跃上新的台阶。在生活中学会宽容，你便能明白很多道理。

我们必须把自己的聪明才智，用在有价值的事情上面。集中自己的智力，去进行有益的思考；集中自己的体力，去进行有益的工作。不要总是企图论证自己的优秀、别人的拙劣；自己正确，别人错误。不要事事、时时、处处总是唯我独尊；不要事事、时时、处处总是固执己见。在非原则的问题和无关大局的事情上，善于沟通和理解，善于体谅和包涵，善于妥协和让步，既有助于保持心境的安宁与平静，也有利于人际关系的和谐和团队环境的稳定。

法则五：善于妥协，和平共处

在现代生活中，妥协已成为人们交往中一个不可缺少的润滑剂，发挥着越来越重要的作用。在市场上，买家与卖家经过讨价还价，最终以双方的妥协而成立。

柳传志曾送给他的接班人杨元庆一句话："要学会妥协。"现代竞争思维认为，"善于"妥协不是一味地忍让和无原则地妥协，而是意味着对对方的尊重，意味着将对方的利益看得和自身利益同样重要。在个人权利日趋平等的现代生活中，人与人之间的尊重是相互的。只有尊重他人，才能获得他人的尊

重。因此，善于妥协就会赢得别人更多的尊重，从而成为生活中的智者和强者。

社会是在竞争中发展进步的，也是在妥协中和谐共赢的。我们甚至可以这么说，妥协至少与竞争一样符合生活的本质。人与人妥协，彼此的日子就都有了节日的味道。

法则六："共赢"思维，富足心态

美国心理学家托马斯·哈里斯在《我好，你也好》一书中，按照人格的发展，将团队中各自然人之间的关系分为四种类型：我不好，你好；我不好，你也不好；我好，你不好；我好，你也好。可见，第四种关系类型"我好，你也好"则体现了成熟的人格和共赢思维。

"双赢"和"共赢"的思维特质是竞争中的合作，是寻求双方共同的利益，即：你好，我也好。这是一种成熟的"双赢人格"。养成"共赢"思维的习惯，需要我们从以下三个方面努力。

（1）确立"共赢"品格

"共赢"品格的核心就是：利人利己；你好，我也好。首先，要真诚正直，人若不能对自己诚实，就无法了解内心真正的需要，也无从得知如何才能利人利己。其次，要对别人诚实，对人没有诚信，就谈不上利人，缺乏诚信作为基石，利人利己和"共赢"就变成了骗人的口号。

（2）具备成熟的胸襟

我们通常说某个人成熟了，往往是指他办事老练、老到、可靠，这其实是不全面的。真正的成熟，就是勇气与体谅之心兼备而不偏废。有勇气表达自己的感情和信念，又能体谅他人的感受与想法；有勇气追求利润，也顾及他人的利益，这才是成熟的表现。

（3）富足心态

在现实生活和职场竞争中，人们总是不由自主地认为，"蛋糕"只有那么大，假如别人多抢走一块，自己就会吃亏，人生仿佛是一场"零和游戏"。难怪俗话说："共患难易，共富足难。"见不得别人好，甚至对亲朋好友的成就也会眼红，这些都是"匮乏心态"在作怪。

抱着这种心态的人，甚至希望与自己有利害关系的人小灾、小难不断，他们疲于应付而无法与自己竞争。这样的人时时不忘与人比较，认定别人的成功等于自身的失败。即使表面上虚情假意地赞美对方，内心却是又妒又恨，只有独占鳌头，才能使自己满足。更有甚者，恨不得身边全是唯唯诺诺之人，稍有不同意见就把他们视为叛逆、异端。

相比之下，"富足心态"源自厚实的价值观与安全感。拥有这样心态的人相信世间有足够的资源，人人都可以享有，世界之大，人人都有足够的空间，不必视他人之得为自己之失。所以不怕与人共名声、共财富、共权势。正是这种心态，才能开启无限的可能性，充分发挥创造力，拥有广阔的选择空间。拥有"富足心态"的人，相信成功并非要压倒别人，而是追求对各方面都有利的结果。所谓"双赢"乃至"多赢",其实是"富足心态"的自然结果。

法则七:团队合作,统合综效

职业生涯中,我们每一个人都处在各种各样的团队中,这就要求我们要学会欣赏人、团结人、尊重人、理解人,这既是一种品德、一种境界,也是一种责任。与老板、与同事、与下属,大家在一起共事,既是事业的需要,也是难得的缘分。但"金无足赤,人无完人",个人的阅历、知识、能力、水平、性格各不相同,相处久了,难免有些磕磕碰碰,但只要不违反原则,就应从维护团队利益出发,求同存异,坦诚相见,在合作共事中加深了解,在相互尊重中增进团结。只有互相支持不拆台、互相尊重不发难、互相配合不推诿,才能使整个团队在思想上同心,目标上同向,行动上同步,作为团队中的个人也才能用团队的智慧和力量去解决面临的各种困难和问题,这样才能既为公司的成长增砖加瓦,也为自己的职业生涯铺好路。

信任有时也是一种冒险

信任有时也是一种冒险,因为没有人能绝对保证准确知道对方的想法。不过,加强团队内的沟通和交流能够降低风险。

在这个世界上,信任也具有一定程度的风险。因为你如果信任了某一个人,实际上就意味着放弃了对他/她的警惕,而这样做需要一定的冒险。

明朝正德年间，大太监刘瑾独揽朝政，大行特务政治，其权势之盛从大江南北流传的一首民谣可见一斑："京城两皇帝：一个坐皇帝，一个站皇帝；一个朱皇帝，一个刘皇帝。"

当时内阁辅臣是大学士李东阳、刘建、谢迁三位，他们都是机敏厉害、久于宦海的人物，时人评述，"李公善谋，刘公善断，谢公善侃"。他们为了扳倒刘瑾，联合太监王岳和范亭向武宗告发刘瑾等人的奸行。不料，刘瑾却顺势将矛头指向内阁："内阁大臣对我们不满是假，借王岳、范亭朝您发飙是真啊！"

武宗终于大怒。李东阳等人眼见大火烧身，商量在武宗面前以退为进，一齐以内阁总辞来逼武宗杀刘瑾。

内阁总辞是轰动天下的大事，明朝自建立以来还未曾有过，武宗未必敢犯众怒。不料刘瑾还是棋高一招，他发现李东阳攻击自己的时候有所保留，因此马上向武宗建议："李东阳忠心体国，他虽然说了我们的不是，却实在是大大的忠臣，应该表彰。"

于是，武宗马上批准了刘建、谢迁的辞职，独独升了李东阳的官。

原本沸沸扬扬的内阁总辞如今成了三缺二，成为天下人的笑柄。刘建和谢迁黯然离开京城的时候，李东阳把酒相送，刘建气得把酒杯推倒在地上，指着李东阳的鼻子痛斥："你当时如果言辞激烈一些，哪怕多说一句话，我们也不至于搞成这样。"

从这个故事中，我们不仅可以看到李东阳城府之深，更看到了信任在协调博弈中的重要性。

信任是放弃对他人的警惕,因为能预料到他人具有相关的处事能力、高尚的品德和良好的意图,感觉到他人的信任就意味着要衡量遭受背叛的可能。事实上信任就是要做到不相信一些事情。背叛是可能的,但是不代表一定如此。所以信任是一种对合作关系不被利用的预期,由此才能在未来尚未明确的合作情况下自由选择行为方式。

合作过程中如何跟合作者保持相互信任呢?现在是21世纪,是一个开放的世纪,人和人之间的交往越来越频繁,尤其是想创业的或正在创业的人都少不了合作伙伴,但是如何能跟合作伙伴保持最初的那种信任关系,这一点可能是所有创业者十分关注的问题,因为这一点会直接影响到我们创业的成败。

人和人之间建立信任除了生与死的一种考验之外,最

好的方式就是让彼此知道彼此在做什么、在想什么，能这样交心还有什么不信任的呢？在一种有很强利益的合作面前这一点尤其重要，把握不好很容易产生误会，从而毁掉团队。尽量不要让你的合作伙伴猜你现在在想什么，人的想法有两面性，一面是积极的，另一面是消极的，有时候的一念之差可能就会酿成大错。这种及时沟通的方法可以减少此类事情的发生。

第八章 示弱者最后也可能赢全局
——妥协与折中的心理博弈

博弈思维

为什么示弱者最能签下单

示弱者最能签下单,是因为他能赢得顾客的心。营销学里有句话:顾客永远是正确的。这正是示弱者成功签单所依赖的观念和应有的态度。产品和服务的质量会影响顾客的签单决定,但最终决定顾客签单的是顾客的观念和营销者对顾客观念的认同。

事实上,示弱者的态度和行为符合企业营销活动以顾客为中心、以消费者需求作为营销出发点的观点。作为经营者,必须时刻牢记"顾客永远是正确的"这条黄金法则。示弱者不是去与顾客的陈旧甚至错误观念做斗争,而是理解和认同顾客的观念,因为他们知道,改变顾客的观念远比理解和接受顾客的观念要难。中国营销大师史玉柱就曾说过,不要试图去改变消费者的观念,因为改变一个人简直比登天还难。

一般人乍听起来,似乎颇感"顾客永远是正确的"这句话太绝对了。"金无足赤,人无完人",顾客不对的地方多着呢。但从本质上理解,它隐含的意思是"顾客的需要就是企业的奋斗目标"。在处理与顾客的关系时,企业应站在顾客的立场上,想顾客之所想,急顾客之所急,并能虚心接受或听取顾客的意见或建

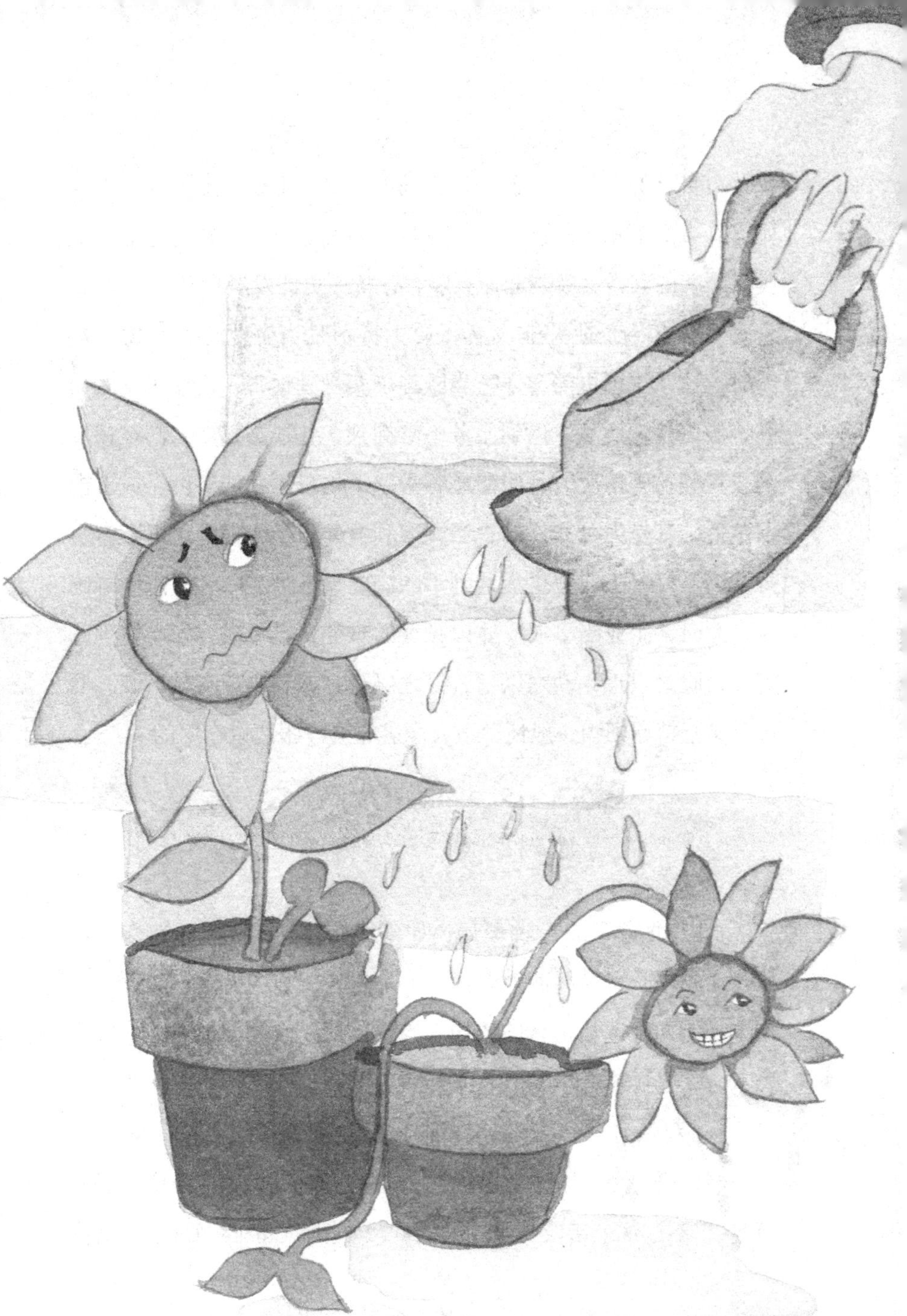

议，对自己的产品或服务提出更高的要求，以便更好地满足顾客所需。事实上顾客的利益和企业自身的利益是一致的，企业越能满足顾客的利益，就越能拥有顾客，从而更能发展自己。

但顾客与企业并非没有矛盾，特别是当企业与顾客发生冲突时，这条法则更需遵守。当顾客确实受到损害，比如买到低质高价假冒伪劣商品，遇到服务不够周到、花钱买气受，甚至违反消费者利益等情况时，即使顾客采取了粗暴无礼的态度，或者向上申诉，都是无可非议的；当顾客利益并未受到损害，但顾客自身情绪不好，工作或生活遇到不顺心的事，抑或顾客故意寻衅闹事，此时，企业当事人应体谅顾客的难处，给予对方耐心合理的解释，晓之以理，动之以情，导之以行，做到有理有节，既忍辱负重又坚持原则，一般情况下，顾客是会"报之以李"的。

谈判里的"斗鸡博弈"

"斗鸡博弈"是一种僵局，如不能变通，只能意味着一场你死我活的厮杀，最终两败俱伤。一种比较明智的做法是通过给予一方补偿使他退让来打破僵局。当然，这要求双方都充分地换位思考，克服贪婪。

"斗鸡博弈"（Chicken Game）其实是一种误译。"Chicken"在美国口语中是"懦夫"之意，"Chicken Game"本应译成"懦夫博弈"。不过这个错误并不算太严重，要把"Chicken Game"叫作

"斗鸡博弈",也不是不可以。

两只公鸡狭路相逢,即将展开一场厮杀。结果有四种可能:两只公鸡对峙,谁也不让谁,或者两者相斗。这两种可能性的结局一样——两败俱伤,这是谁也不愿意的。另两种可能是一退一进,但退者有损失、丢面子或消耗体力,谁退谁进呢?双方都不愿退,也知道对方不愿退。在这样的博弈中,要想取胜,就要在气势上压倒对方,至少要显示出破釜沉舟、背水一战的决心来,以勇者之势迫使对方退却。但到最后的关键时刻,必有一方要退下来,除非真正抱定鱼死网破的决心。但把自己放在对方的位置上考虑,如果进的一方给予退的一方以补偿,只要这种补偿与损失相当,就会有一方做退者。

这类博弈的例子不胜枚举。如两人相向过同一独木桥,一般来说,必有一人选择后退。在该种博弈中,非理性、非理智的形象塑造往往是一种可选择的策略运用。如那种看上去不理性、不在乎、傻乎乎的人,往往能逼退独木桥上的另一人。还有,夫妻争吵也常常是一个"斗鸡博弈",吵到最后,一般地,总有一方对于对方的唠叨、责骂退让,或者干脆妻子回娘家去冷却怒火。

"斗鸡博弈"强调的是,如何在博弈中采用妥协的方式取得利益。如果双方都换位思考,它们可以就补偿进行谈判,最后达成以补偿换退让的协议,问题就解决了。博弈中经常有妥协,双方能换位思考就可以较容易地达成协议。考虑自己得到多少补偿才愿意退,并站在对方的立场来理解对方。只从自己立场出发考虑问题,不愿退,又不想给对方一定的补偿,僵局就难以打破。

球员弗兰克就因为代理人在谈判中一味地索取,而没有妥协,错失了优厚的待遇。

这场遗憾的谈判发生在美国彼得斯堡的一家美式足球俱乐部里,谈判的内容是弗兰克的年薪待遇,之前他在该球队每年能拿到38.5万美元。开始时谈判的进程非常顺利,代理人提出1985年弗兰克的年薪要达到52.5万美元,因为合作愉快,老板欣然同意了;紧接着,代理人要求这笔年薪必须被保证,老板也同意了;然后,代理人提出1986年弗兰克的年薪要到62.5万美元,老板考虑后依然同意了;至此,代理人丝毫没有见好就收的意思,进一步要求这笔年薪也必须被保证,这一要求彻底触碰到了老板的底线,他不但拒绝了这一要求,还否定了之前答应的所有条件,谈判彻底崩溃。

弗兰克最后遗憾地离开了这家球队,加入了西雅图的一个球队,年薪只有8.5万美元。

在这个谈判过程中,哪里出问题了呢?代理人显得太过贪婪,并且在一次谈判中不断更新自己的要求。而真正的关键在于,谈判是一个战略性沟通的过程,这也是罗仁德教授对谈判的定义。你必须很好地管理谈判过程,在任何一次谈判中,你都不能只关注所谈的内容,而忽略对方在谈判之前已经有的正确答案,但是事实上,在谈判结束之前,并不存在正确的答案。因此,你需要花更多的时间来制订谈判战略。

妥协是实现谈判目的的最终手段。被称为"全世界最佳谈判手"的霍伯·柯恩曾经说过:"为了实现谈判的目的,谈判者必须学会以容忍的风格、妥协的态度,坚韧地面对一切。"

有的谈判者在谈判过程中一再后退,连连让步,即使这样也未必能获得对方的好感,更别指望赢得谈判。经验丰富的谈判者都知道。为了达到自己预期的目的和效果,必须把握好让步的尺度和时机。至于如何把握,只能凭谈判者的机智、经验和直觉处理了,但这并不等于说谈判中的让步是随心所欲、无法运筹和把握的。

1. 一次到位让步

在谈判的前一阶段,谈判一方一直很坚决地不做出任何让步,但到了谈判后期却一次做出最大的让步。这种让步是对那些锲而不舍的谈判对手做出的。如果遇到的是一个比较软弱的谈判对手,可能他早就放弃讨价还价而妥协了,而一个坚强的谈判对手则会坚持不懈,不达目的决不罢休,继续迫使对方做出让步,他会先试探情况,最后争取最大让步。在这种谈判中,双方都要冒因立场过于坚定而出现僵局的危险。

2. 坦诚以待让步

在让步阶段的一开始就全部让出可让利益,而在随后的阶段里无可再让。这种让步策略为坦诚相见,比较容易使得对方采取同样的回报行动来促成交易成功。同时,率先做出大幅让步会给对方以合作感、信任感。直截了当地一步让利也有益于速战速决,降低谈判成本,提高谈判效率。

3. 逐步让步

这是一种逐步让出可让之利并在适当时候果断停止让步，从而尽可能最大限度获得利益的策略。这种让步策略在具体操作时又有不同的形式：等额让步、小幅度递减让步、中等幅度递减让步、递增让步和大幅度让步等。

战国时期思想家庄子曾说过，斗鸡的最高境界就是好像木鸡一样，面对对手毫无反应，可以吓退对手，也可以麻痹对手。这句话里就包含着斗鸡博弈的基本原则，就是让对手错误地估计双方的力量对比，从而产生错误的期望，再以自己的实力战胜对手。

谈判可以说是一种像跳舞一样的艺术。这种艺术的成功并不是消灭冲突，而是如何有效地解决冲突。因为每个人都生活在一个充满冲突的世界里，这就需要博弈的运用，如果你能运用博弈，那么你就会在这场谈判中成为一个真正的成功者。

把对手变成朋友

谈判是双方利益的博弈，但好的谈判是双方都能接受和满意的一个结果。因此，谈判时不妨在以各自利益为出发点的同时把彼此当成朋友。

2003年12月，美国的 Real Networks 公司向美国联邦法院提起诉讼，指控微软滥用了在 Windows 上的垄断地位，限制 PC 厂商预装其他媒体播放软件，并且无论 Windows 用户是否愿意，都要求他们使用绑定的媒体播放器软件。Real Networks 要求获得 10 亿美元的赔偿。然而就在官司还没有结束的情况下，Real Networks 公司的首席执行官格拉塞却致电比尔·盖茨，希望得到微软的技术支持，以使自己的音乐文件能够在网络和便携设备上播放。所有的人都认为比尔·盖茨一定会拒绝他，但出人意料的是，比尔·盖茨对他的提议表示欢迎。他通过微软的发言人表示，如果对方真的想要整合软件的话，他将很有兴趣合作。

2005 年 10 月，微软与 Real Networks 公司达成了一份价值 7.61 亿美元的法律和解协议。根据协议，微软同意把 Real Networks 公司的 Rhapsody 服务包括其 MSN 搜索、MSN 讯息及 MSN 音乐服务中，并且使之成为 Windows Media Player 10 的一个可选服务。

类似的故事也曾经发生在微软和苹果两大公司之间。

自 20 世纪 80 年代起，苹果和微软就一直处于敌对状态，为争夺个人计算机这一新兴市场的控制权展开了激烈的竞争。到了 90 年代中期，微软公司明显占据了领先优势，占领了约 90% 的市场份额，而苹果公司则举步维艰。但让所有人大跌眼镜的是，1997 年，微软向苹果公司投资 15 亿美元，把它从倒闭的边缘拉了回来。2000 年，微软为苹果推出 Office2001。自此，微软与苹果真正实现"双赢"，合作关系进入了一个新时代。

上面两个故事发生在比尔·盖茨身上，绝对不是一个巧合，因为它们都来源于比尔·盖茨对商机的把握和设计，以及与对手握手言和的处世智慧。一般人面对敌人或对手的时候，采取的态度是不屈不挠，咬紧牙关，迎面而上，决不退缩。这也是红眼斗鸡们的共识。但是真正明智的人会选择另一种方式，站到敌人的身边去，把敌人变成自己的朋友。

一个牧场主养了许多羊，他的邻居是个猎户，院子里养了一群凶猛的猎狗。这些猎狗经常跳过栅栏，袭击牧场里的小羊羔。牧场主几次请猎户把狗关好，猎户不以为然，只是口头上答应，敷衍了事。可没过几天，他家的猎狗又跳进牧场横冲直撞，咬伤了好几只小羊羔。

忍无可忍的牧场主找镇上的法官评理。听了他的控诉，法官说："我可以处罚那个猎户，也可以发布法令让他把狗锁起来。但这样一来你就失去了一个朋友，多了一个敌人。你是愿意和敌人做邻居呢，还是和朋友做邻居？"牧场主说："当然是和朋友做邻居。""那好，我给你出个主意。按我说的去做，不但可以保证你的羊群不再受骚扰，还会为你赢得一个友好的邻居。"法官交代一番。牧场主连连称是。

回到家，牧场主就按法官说的挑选了3只最可爱的小羊羔，送给猎户的3个儿子。看到洁白温顺的小羊羔，孩子们如获至宝，每天放学都要在院子里和小羊羔玩耍嬉戏。因为怕猎狗伤害到儿子们的小羊羔，猎户做了个大铁笼，把狗结结实实地锁了起来。从此，牧场主的羊群再也没有受到过骚扰。

生活在纷繁复杂的社会中，难免会与人发生对立和冲突，与这样那样的对手"狭路相逢"。在这些对手中，有的也许的确是蓄意阻挡你前进的道路,但大多却是由于阴差阳错或者因缘际会而产生的误会。因为理性的人都明白,挡住别人的去路,实际上自己也无法前进。在后面这种情况下,就不能讲究"狭路相逢勇者胜",而应该调整自己的姿态,避免因为针尖对麦芒而两败俱伤,并且要"一笑泯恩仇",化敌为友,甚至联手找到一条能让双方共同前进的道路。

让对方感觉自己胜券在握

在谈判桌上必须时时充满自信,有自信才能赢得谈判。只有在气势上压倒对方,然后又动之以情,采用一些虚实结合的招式,你才能轻而易举地掌控一场谈判。

人在谈判场上,必须掌握以下四个谈判技巧。

1. 心怀豪气压倒人

谈判桌上,抖擞的精神面貌至关重要。如果在谦虚的言谈举止间,流露出一股冲天的豪气,其勇气和胆魄,就会击倒对方的心理防线。而谦卑只会被视为无能,对方就会高高在上,接下来,你将会节节败退。

张先生是某进出口公司销售经理,在一次与日本商人的谈判中,张先生慷慨地陈述了公司的产品及销售状况,并强调该产品在美国十分畅销。精明的日本商人被张先生这番话深深触动。一改"试试看"的心情,很快进入十分严肃的、正式的谈判主题。

2. 虚实招式迷惑人

谈判有时会进入"马拉松式"的状态，迟迟不能达成协议。这时，要在洞悉对方的弱点和了解对方的底细后，步步紧逼，软硬兼施，刚柔相济，抛出利益相诱。

某文化公司的老总与国外的一家广告公司洽谈合作业务，对方不紧不慢，签合同的日子推了又推。文化公司的老总忍无可忍，透露出另一家广告公司也急于合作的消息，并开始玩"失踪"。欲耍太极的广告公司见玩出了火，好说歹说，匆匆签完合同，急急收场，以免夜长梦多。

3. 真心相许感动人

在谈判中，存在着这么一些人，只顾漫天要价，毫不理会对方的感受，妄想一口吃成个胖子，把对方当成"咸水鱼"。这样只会令对方非常反感，有气度的对手虽然不表露，但却是铁定了心，绝不与这种人合作。所以，要为对方设身处地想一想，不妨诚心一点，从关心对方的角度出发，以俘获对方的心。

何经理在一个公司负责项目研究，项目出来后，他给研究人员开了个适当的价，并且诚恳地告诉对方："我知道这个价格达不到你的期望，但请理解我现在只能开出这个价格，因为公司正处在起步阶段，资金比较紧张。我向你承诺，等公司发展了，咱们以后的合作我将给出更让你满意的价格。"

何经理既设身处地地体会到别人的切实感受，又开诚布公地表明了自己的真实状况。正是这种感动人心的真情流露增加了其成交的筹码。

4.因人而异决定报价

一般情况下，如果你准备充分了，而且还知己知彼，就一定要争取先报价；如果你的谈判对手是个外行，那么，不管你是"内行"还是"外行"，你都要争取先报价，力争牵制、诱导对方。但如果你不是谈判高手，而对方是，那么你就要沉住气，不要先报价，要从对方的报价中获取信息，及时修正自己的想法；自由市场上的老练商贩，大多深谙此道。

当顾客是一个精明的家庭主妇时，他们就采取先报价的策略，准备让对方来压价；当顾客是个毛手毛脚的小伙子时，他们大部分是先问对方"给多少"，因为对方有可能会报出一个比商贩的期望值还要高的价格，如果先报价的话，就会失去这个机会。

学会见好就收

贪婪是人性的大敌，每个人都要学会见好就收。

我国古人虽然没有明确提出"斗鸡博弈"一类的名词，但其原理在我国古代历史上早已经得到很好的应用了。

春秋时，楚国一直是南方的强国，公元前659年楚国出兵郑国。齐桓公与管仲约诸侯共同救郑抗楚。齐国和鲁、宋、陈、卫、郑、许、曹等国组成联军南下，直指楚国。楚国在大军压境的形势下，派使臣屈完来谈判。

屈完见到齐桓公就问："你们住在北海，我们住在南海，相隔千里，任何事情都不相干涉。这次你们到我们这里来，不知是为了什么？"管仲在齐桓公身旁，听了之后就替齐桓公答道："从前召康公奉了周王的命令，曾对我们的祖先太公说过，五等侯九级伯，如不守法你们都可以去征讨。东到海，西到河，南到穆陵，北到无隶，都在你们征讨范围内。现在楚国不向周王进贡用于祭祀的滤酒的包茅，公然违反王礼。还有前些年昭王南征途中遇难，这事也与你们有关。我们现在兴师来到这里，正是为了问罪于你们。"屈完回答说："多年没有进贡包茅，确实是我们的过错。至于昭王南征未回是因为船沉没在汉水中，你们去向汉水问罪好了。"

齐桓公为了炫耀兵力，就请屈完来到军中与他同车观看军队。齐桓公指着军队对屈完说："这样的军队去打仗，什么样的敌

人能抵抗得了？这样的军队去夹攻城寨，什么样的城寨攻克不下呢？"屈完不卑不亢地回答说："国君，你如果用仁德来安抚天下诸侯，谁敢不服从呢？如果只凭武力，那么我们楚国可以把方城山当城，把汉水当池，城这么高，池这么深，你的兵再勇猛恐怕也无济于事。"齐桓公和管仲本也无意打仗，只是想通过这次军事行动来增强自己的号召力罢了。所以他们很快就同意与楚国和解，将军队撤到召陵。

一个明智的博弈者无论是面对怎样的对手，在开始行动之前必须牢牢记住这样一个原则——见好就收。但仅此还不够，一个既明智又老到的博弈者事先必须估计到最坏的博弈结果，更高地警诫自己，更要遵循遇败即退的原则，以保存实力。斗鸡场上逼使对手让步可能会给人带来无比的愉悦和刺激，但是强中更有强中手，千万别把它当作永久的法宝。

让老板加薪的博弈

哪一方前进，不是由"两只斗鸡"的主观愿望决定的，而是由双方的实力预测所决定的。当两方都无法完全预测对手实力的强弱时，那就只能通过试探才能知道。而在试探的时候，既要有分寸，更要有勇气。

两只实力相当的斗鸡，如果它们双方都选择前进，那就只能是两败俱伤。在对抗条件下的动态博弈中，双方可以通过彼此提出要求，找到都能够接受的解决方案，而不至因为各自追求自我利益而僵持不下，甚至两败俱伤。但是这种优势策略的选择，并不是一开始就能做出的，而是要通过反复的试探，甚至是激烈的争斗后才能实现。

如果你是一位职场人士，那么你与老板之间所进行的惊心动魄的博弈，一定是围绕薪水进行的。一方要让收入更适合自己的付出，而另一方则要让支出更适合自己的盈利目标。

首先，作为员工，如果想要让老板给你加薪，那么就必须主动提出来。你不提，不管用什么博弈招数都没用。

在向老板要求加薪时，除了把加薪的理由一条一条摆出来，详细说明你为公司做了什么贡献而应该提高报酬之外，最重要的应该是确定自己提出的加薪数额。你提出的数额，应该超过你自己觉得应该得到的数额。注意关键是"超过"。鉴于与老板之间的地位不平等，这就需要勇气，事先一定要对着镜子，好好练习一下怎么提出这个"超过"的数额。这样见了老板就不会欲言又止、吞吞吐吐了。

一般人请老板加薪，提的数额都不多，但是这种低数额的要求对自身有害无益。提的数额越低，在老板眼里你的身价也就越低，这大概是人性的怪诞之处吧。标价过低的东西，比标价过高的东西更容易把买主吓跑。反过来，如果提的数额合理而且略高一些，会促使老板重新考虑你的价值，对你的工作和贡献做出更公正的评价。你就是得不到要求的数额，老板也可能对你更好，比如会改变你的工作条件等。他改变了解看你的视角,所以会对你刮目相看。

你要是不重视自己,也别指望老板会看重你。要求的数额低,就是小看自己。

其实,在你与老板之间形成的博弈对局中,老板会综合你的能力和价值,判断出该给你加薪的幅度,并以此作为讨价还价的依据。如果你的理由充分,又有事实根据,只是跟老板对你的看法有出入,发生心理学的所谓"认知不一致"。老板会设法协调一下这种不一致。但是,如果你不把这种"认知不一致"暴露出来,在加薪的对局中你就会处于下风,因为他一直抱着成见。你说出了不同的看法,就迫使他重新评价你,以新的眼光看待你,最后达成有利于你的和解的可能性反而更高。

这是"斗鸡博弈"中如何在避免两败俱伤的前提下为自己争取利益的智慧,正如本节开头所说的,在需要勇气的同时,更需要揣摩与试探的策略。